内蒙古大兴安岭
主要林业有害生物防治历

NEIMENGGU DAXING'ANLING
ZHUYAO LINYE YOUHAI SHENGWU FANGZHILI

主 编 王 鹏 张军生

东北林业大学出版社
Northeast Forestry University Press

图书在版编目（CIP）数据

内蒙古大兴安岭主要林业有害生物防治历 / 王鹏，
张军生主编. -- 哈尔滨：东北林业大学出版社，2017.12
    ISBN 978-7-5674-1333-7

    Ⅰ.①内… Ⅱ.①王…②张… Ⅲ.①大兴安岭—森
林植物—病虫害防治 Ⅳ.①S763

中国版本图书馆CIP数据核字(2017)第327769号

责任编辑：卜彩虹
封面设计：刘长友
出版发行：东北林业大学出版社（哈尔滨市香坊区哈平六道街6号 邮编：150040）
印装：哈尔滨市石桥印务有限公司
规格：210mm×285mm 16开
印张：17.25
字数：350千字
版次：2017年12月第1版
印次：2017年12月第1次印刷
定价：168.00元

如发现印装质量问题，请与出版社联系调换。（电话：0451-82113296 82191620）

《内蒙古大兴安岭主要林业有害生物防治历》

编委会

主　编	王　鹏	张军生
副主编	滕文霞	邹元平
编　委	康尔年	徐振海
	刘　荣	李　洋

前　言
Introduction

　　内蒙古大兴安岭林区拥有10.67万km²的绿色林海，是中国的绿色"脊梁"，肩负着神圣的国家生态保护和经济建设的重大历史使命。其中，作为生态建设的任务之一的林业有害生物防治工作尤显重要。由于内蒙古大兴安岭林区地处高寒地区，经过60多年的开发利用，森林生态系统十分脆弱，林业有害生物灾害频发，重大林业有害生物造成的损失巨大，并且随着停止天然林商业采伐，国有林区改革不断深入，林业有害生物的发生面积与危害也显现出日趋扩大的趋势。随着经济贸易往来的增加，苗木及林产品调运往来频率加快，旅游业的兴起，林业外来有害生物的入侵、扩散、成灾的压力剧增，在发生种类、灾害频率、扩散范围和危害程度等方面均有不同程度的增加。内蒙古大兴安岭重点国有林管理局每年林业有害生物发生面积达40万hm²，因有害生物灾害造成的直接经济损失达8亿元。林业有害生物已经成为内蒙古大兴安岭造林绿化成果巩固、林业产业可持续发展和生态安全的潜在风险源。

　　多年来，由于没有为基层专业技术人员提供系统、全面的图书资料，基层技术人员在工作过程中遇到许多这样那样的问题，无法及时得到解决。为了便于广大林业有害生物防治专业技术人员更好地认识、掌握重大林业有害生物的种类、分布与危害、寄主、主要形态特征、生物学特性等，可以利用其发生期及时采取有效的应对措施，降低灾害损失，维护森林生态安全，内蒙古大兴安岭重点国有林管理局森林病虫害防治站结合当地工作的实际，充分利用多年来积累的宝贵的研究成果，组织专家系统研究整理，编写了《内蒙古大兴安岭主要林业有害生物防治历》一书。本书共分四章，分别为概述、森林病害、森林虫害和森林鼠害，涉及林业有害生物136种，其中森林病害24种，森林虫害102种，森林鼠害10种，几乎囊括了内蒙古大兴安岭林区主要的林业有害生物种类。

　　《内蒙古大兴安岭主要林业有害生物防治历》是一本图文并茂、便于查阅的工具书，本书强调的是实用性，既收录了有害生物的生态照片，也有相应的标本照片，便于识别及应用，并对有害生物不同阶段的防治手段制订不同的科学治理措施，希望本书的出版能够满足日常林业有害生物防治工作的需要。

　　本书是林区专业技术人员多年来的实践调查及研究成果的结晶，本书可以成为对广大林业科技工作者，尤其是长期在基层一线从事林业有害生物测报、防治检疫人员的指导用书。本书在出版过程中得到了有关林业局森防站同行的大力支持，在此一并表示感谢。

由于编者水平有限，加之资料掌握不全，书中错误和疏漏在所难免，敬请专家学者和广大读者给予批评指正，以便及时修订，更好地指导林业有害生物防治工作。

编 者

2017年4月

目 录
contents

第一章 概述···1

    一、自然概况···1

    二、林业有害生物发生现状、特点及成因································5

    三、林业有害生物防治策略··7

    四、林业有害生物防治技术··8

    五、林业有害生物预测预报的管理··9

    六、林业有害生物预测预报的原理及内容······················11

    七、森林有害生物测报技术··13

第二章 森林病害···20

    1. 樟子松疱锈病 *Cronartium flaccidum* (Alb. et Schw.) Wint.·········20

    2. 樟子松溃疡病 *Tympanis* sp.*Cenangium* sp.*Phaeomoniella* sp.·········22

    3. 松瘤锈病 *Cronartium quercuum* (Berk.) Miyabe ·········24

    4. 松针红斑病 *Dothistroma pini* Hulbary ·········26

    5. 松落针病 *Lophodermium pinastri*（Schrad.）Chev.·········29

    6. 落叶松枯梢病 *Botryosphaeria laricina*（Sawada）Shang ·········31

    7. 落叶松癌肿病 *Lachnellula willkommii* (Hartig) Dennis ·········33

    8. 落叶松落叶病 *Mycosphaerella larici-leptolepis* Ito et al·········35

    9. 落叶松褐锈病 *Trophragmiopsis laricinum* (Chou）Tia ·········37

    10. 落叶松腐朽病 *Fomitopsis officimalis*，*Phellinus pini* ·········39

    11. 红皮云杉叶锈病 *Chrysomyxa rhododendri* De Bary·········41

    12. 桦树黑斑病 *Marssonina brunnea* ·········43

    13. 桦树灰斑病 *Mycosphaerella mandshurica* Miura ·········45

    14. 桦树褐腐病 *Piptoporus betulinus* (Bull. ex Fr.) Karst.·········46

    15. 杨树烂皮病 *Cytospora chrysosperma*(Pers.)Fr.·········47

16. 杨树溃疡病*Botryosphaeria dothidea*（Moug.ex Fr.）Ces.&de Not.·····49

17. 杨树叶锈病*Melampsora larici-populina* Kleb.·····51

18. 杨树灰斑病*Mycosphaerella mandshurica* M.Miura·····53

19. 杨树破腹病·····54

20. 柳树锈病*Melampsora arctica* Rostr.·····55

21. 柳树溃疡病*Botryosphaeria ribis*(Tode)Gross et Duss.·····56

22. 稠李红斑病*Polystigma ochraceum* (Wall)Sacc.·····57

23. 稠李红疣枝枯病*Nectria ditissima* Tul.·····58

24. 丁香褐斑病*Cercospora macromaculans* Heald et Wolf·····59

第三章　森林虫害·····60

25. 柳沫蝉*Aphrophora intermedia* Uhler·····60

26. 松沫蝉*Aphrophora flavipes* Uhler·····62

27. 大青叶蝉*Cicadella viridis* (Linnaeus)·····64

28. 中国沙棘木虱*Hippophaetrioza chinesis* Li et Yang·····66

29. 温室白粉虱 *Tridleurjodes vaporariorum* Westwood·····68

30. 松大蚜*Cinara laricis* (Hartig)·····69

31. 落叶松球蚜*Adelges laricis laricis* Vall.·····71

32. 棉蚜*Aphis gossypii* Glover·····73

33. 稠李缢管蚜*Rhopalosiphum padi* (Linnaeus)·····74

34. 桦绵斑蚜*Euceraphis punctipennis* (Zetterstedt)·····75

35. 秋四脉绵蚜*Tetraneura akinire* Sasaki·····76

36. 柳瘤大蚜*Tuberolachnus salignus* Gmelin·····77

37. 白杨毛蚜*Chaitophorus populeti* (Pannzer)·····79

38. 杨柄叶瘿绵蚜*Pemphigus populi* Courchet·····80

39. 杨绵蚧*Pulvinaria betulae* Linnaeus·····81

40. 黑龙江粒粉蚧*Coccura suwakoensis* Kuwana et Toyoda·····84

41. 东北大黑鳃金龟*Holotrichia diompalia* Bates·····85

42. 花曲柳窄吉丁*Agrilus marcopoli* Obenberger·····87

43. 六星吉丁虫*Chrysobothris succedanea* Saunders ···88

44. 云杉八齿小蠹*Ips typographus* Linnaeus ···89

45. 落叶松八齿小蠹*Ips subelongatus* Motschulsky ·····································91

46. 云杉大墨天牛*Monochamus urussovi* Fisher ··94

47. 云杉小墨天牛*Monochamus sutor* Linnaeus ··96

48. 青杨脊虎天牛*Xylotrechus rusticus* Linnaeus ······································98

49. 青杨楔天牛*Saperda populnea* Linnaeus ···100

50. 杨叶甲*Chrysomela populi* Linnaeus ···102

51. 柳蓝叶甲*Plagiodera versicolora distincta* Baly ····································104

52. 榆紫叶甲*Ambrostoma quadriimpressum* Motschulsky ··························106

53. 榆蓝叶甲*Pyrrhalta aenescens* (Fairmaire) ··108

54. 杨潜叶跳象*Rhynchaenus elmpopulifolis* Chen ····································110

55. 杨干象 *Cryptorrhynchus lapathi* Linnaeus ··112

56. 樟子松球果象甲*Pissodes validirostris* Gyllenhyl ································114

57. 梨卷叶象*Byctiscus betulae* Linnaeus ···116

58. 山杨卷叶象*Byctiscus omissus* Voss ··118

59. 榛卷叶象*Apoderus coryli* (Linnaeus) ··120

60. 榛实象*Curculio dieckmanni* (Faust) ··122

61. 柳瘿蚊*Rhabdophaga salicis* (Schrank) ···123

62. 落叶松球果花蝇*Strobilomyia laricicola* (Karl) ··································125

63. 栎尖细蛾*Acyocercops brongniardella* Fabricius ·································127

64. 杨白纹潜蛾*Leucoptera susinella* Herrich-Schaffer ······························128

65. 白杨透翅蛾*Sphecia siningensis* Hsu ···130

66. 稠李巢蛾*Yponomeuta evonymellus* (Linnaeus) ··································131

67. 苹果巢蛾*Yponomeuta padella* Linnaeus ···134

68. 卫矛巢蛾*Yponomeuta polystigmellus* Felder ·····································136

69. 兴安落叶松鞘蛾*Coleophora obducta* (Meyrick) ·································138

70. 芳香木蠹蛾东方亚种*Cossus cossus orientalis* Gaede ····························140

71. 沙棘木蠹蛾*Holcocerus hippophaecolus* Hua，Chou，Fang et Chen··············142

72. 黄刺蛾*Chidocampa flavescens* (Wakler)··············144

73. 双齿绿刺蛾*Latoia hilarata* Staudinger··············146

74. 梨叶斑蛾 *Illiberis Pruni* Dyar··············147

75. 杏叶斑蛾*Illiberis psychina* Oberthur··············148

76. 落叶松实小卷蛾*Petrova perangustana* Snell··············149

77. 云杉球果小卷蛾*Pseudotomoides strobilellus* Linnaeus··············151

78. 云杉梢斑螟*Dioryctria schaetzeella* Fuchs··············152

79. 樟子松梢斑螟*Dioryctria monolicella* Wang··············154

80. 柞褐叶螟*Sybrida fasciata* Butler··············155

81. 草地螟*Loxostege stieticatis* Linnaeus··············157

82. 白桦尺蛾*Phigalia djakonovi* Moltrecht··············158

83. 桦尺蛾*Biston betularia* (Linnaeus)··············160

84. 春尺蠖*Apocheima cinerarius* Erschoff··············161

85. 落叶松尺蛾*Erannis ankeraria* Staudinger··············163

86. 落叶松双肩尺蛾 *Cleora cinctaria* Schiff.··············164

87. 落叶松毛虫*Dendrolimus superans*(Butler)··············166

88. 黄褐天幕毛虫*Malacosoma neustria testacea* Motschulsky··············169

89. 桦树天幕毛虫*Malacosoma rectifascia* Lajonpuière··············171

90. 杨枯叶蛾*Gastropacha populifolia* Esper··············173

91. 绿尾大蚕蛾*Actias selene ningpoana* Felder··············175

92. 蓝目天蛾*Smerinthus planus* Walker··············177

93. 中带齿舟蛾*Odontosia arnoldiana* (Kardakoff)··············178

94. 杨二尾舟蛾*Cerura menciana* Moor··············182

95. 黑带二尾舟蛾*Cerura vinula feline* (Butler)··············184

96. 分月扇舟蛾*Clostera anastomosis* (Linnaeus)··············186

97. 四点苔蛾 *Lithosia quadra* (Linnaeus)··············188

98. 斑灯蛾*Pericallia matronula* (Linnaeus)··············189

99.　黑地狼夜蛾*Ochropleura fennica* Tauscher·····191

100.　梦尼夜蛾*Orthosia incerta* Hufnagel·····192

101.　模毒蛾*Lymantria monacha* (Linnaeus)·····194

102.　舞毒蛾*Lymantria dispar* (Linnaeus)·····198

103.　杨毒蛾*Stilpnotia candida* Staudinger·····202

104.　柳毒蛾*Stilpnotia salicis* (Linnaeus)·····204

105.　榆毒蛾*Ivela ochropoda* (Eversmann)·····206

106.　古毒蛾*Orgyia antique* (Linnaeus)·····207

107.　角斑古毒蛾*Orgyia gonostigma* (Linnaeus)·····209

108.　杉茸毒蛾*Dasychira abietis* (Schiffermuller et Denis)·····211

109.　盗毒蛾*Porthesia similis* (Fueszly)·····212

110.　白毒蛾*Arctornis l-nigrum* (Müller)·····213

111.　山楂粉蝶*Aporia crataegi* Linnaeus·····214

112.　朱蛱蝶*Nymphalis xanthomelas* Denis et Schiffermüler·····216

113.　白矩朱蛱蝶*Nymphalis vaualbum* (Schiffermüler)·····218

114.　伊藤厚丝叶蜂*Pachynematus itoi* Okutani·····219

115.　落叶松叶蜂*Pristiphora erichsonii* (Hartig)·····221

116.　落叶松腮扁叶蜂*Cephalcia larciphila* (Wachtl.)·····223

117.　云杉阿扁叶蜂*Acantholyda piceacola* Xiao et Zhou·····225

118.　榆三节叶蜂*Arge captiva* Smith·····227

119.　杨锤角叶蜂*Cimbex taukushi* Marlatt·····228

120.　凤桦锤角叶蜂*Cimbex femorata* Linnaeus·····230

121.　泰加大树蜂*Urocerus gigas taiganus* Beson·····232

122.　松树蜂 *Sirex noctilio* Fabricius·····234

123.　落叶松种子小蜂*Eurytona laricis* Yano·····237

124.　栎叶瘿蜂*Fiplolepis agama* Hart.·····238

125.　朱砂叶螨*Tetranychus cinnabarinus* (Boisduval)·····240

126.　落叶松针叶小爪螨*Oligonychus ununguis* (Jacobi)·····241

第四章　森林鼠害······242

127. 棕背䶄 *Myodes rufocanus* Sundevall······242

128. 红背䶄 *Myodes rutilus* (Pallas)······245

129. 莫氏田鼠 *Microtus maximowiczii* Schrenck······247

130. 黑线姬鼠 *Apodemus agrarius* (Pallas)······249

131. 朝鲜姬鼠 *Apodemus peninsulae*······250

132. 花鼠 *Tamias sibiricus*······252

133. 东北鼢鼠 *Myospalax psilurus* (Milne-Edwards)······253

134. 达乌尔鼠兔 *Ochotona daurica* (Palls)······255

135. 高山鼠兔大兴安岭亚种 *Ochotona alpina mantchurica* Hodgson······257

136. 草兔 *Lepus capensis* Linnaeus······259

参考文献······261

第一章　概述

　　内蒙古大兴安岭林区位于内蒙古自治区的东北部，东接黑龙江省大兴安岭林区，北邻俄罗斯远东，西临蒙古，是我国目前保存最为完整、森林资源最为丰富、具有重要生态地位的重点国有林区，有"生态脊梁"之称。其境内有19个林业局、3个国家级自然保护区、1个北部原始林管护局。地理坐标为东经119°36′26″～125°24′10″，北纬47°03′26″～53°20′00″，南北长696 km，东西宽442 km，北宽南窄，境内大兴安岭主脉呈东北—西南走向，贯穿南北。内蒙古大兴安岭林区经营总面积10.67万 km²，有林地面积8.31 km²，有林地面积占全部面积的77.9%，活立木总蓄积量为8.92 亿m³。

一、自然概况

（一）气候

　　内蒙古大兴安岭林区地处欧亚大陆中高纬度地带，属寒温带大陆性季风气候区，大兴安岭山地寒冷、湿润，属森林气候。受大兴安岭山地的阻隔，岭东和岭西的气候有显著差异。岭东四季分明，气候温和，雨量较大，属半湿润气候；岭西属半湿润草原气候。林区冬季在极地大陆气团控制下，气候严寒、干燥；夏季受副热带高压的海洋气团影响，降水集中，气候温热、湿润。该地具有明显的寒温带大陆性季风气候特征，冬季漫长严寒，夏季短暂而温热，春季多风而干旱，秋季降温急剧，常有霜冻。

1. 气温

　　内蒙古大兴安岭林区年平均气温-4～0℃，大兴安岭山地年平均气温-5～-2℃，山下岭西年平均气温-3～0℃，山下岭东年平均气温0℃左右。年平均气温的地理分布，岭西为自西南向东北，岭东为自东南向西北逐渐降低。最冷月（1月）平均气温为-24～-31℃，最热月（7月）平均气温为16～20℃；极端最低气温-52℃（图里河，1966年2月22日），极端最高气温37.5℃（大杨树，1969年7月21日）；大于等于0℃年积温为1787～2468℃，大于等于10℃年积温为1235～2014℃。

2. 降水

　　林区雨量线大体与大兴安岭山体平行，受地形和季风活动影响，降水自东向西递减，年平均降水量350～500 mm，大兴安岭山地年平均降水量400～500 mm，岭西高原东部年平均降水量340～380 mm。

3. 日照

　　林区日照时数的地理分布规律与降水恰好相反，岭西日照时数最长，为2650～3100小时，最短为2500～2700小时，为林区日照时间最短的地区之一。日照时间在季节分配上存在着夏半年（4～6月）长，冬半年（10～3月）短的特点。夏半年的日照时数在1330～1800小时，由于多阴雨天气，日照百分率（实照时数与可照时数之比）较低，为50%～60%；冬半年的日照时数为1110～1330小时。

4. 林区气象灾害天气

林区气象灾害天气主要包括：

（1）风灾，主要指大风天气引起的灾害。风灾的产生是气候、生态和社会三方面因素作用的结果。由于兴安落叶松的水平根系发达，大风天气极易造成林木的风倒。而且大风常破坏生态环境，引起风蚀，降低自然植被调节气候的能力；恶劣的生态环境又促进大风天气的形成。林区年大风日数在10日以下，一般出现在春季和初夏。

（2）霜冻，初霜（早霜）一般在8月下旬，常在冷空气过后的清晨出现；终霜（晚霜）一般在6月初，有时也出现在6月末。霜冻是林区主要的灾害之一，对林木结实、树木的生长以及林业有害生物的发生情况都有巨大的影响。

（3）雷击火，内蒙古大兴安岭是干雷暴的多发区，特别是人烟罕至的原始林区，雷击枯死木或心腐的活立木极易引起森林火灾，而且是森林火灾发生的主要原因。根据对1962～2016年内蒙古大兴安岭林区森林火灾成因的统计，雷击火占所有火灾次数的20%。雷击火属于自然成因，多发生在5月中旬至6月中旬，若遇干旱，夏季也频繁发生。2002年北部原始林区由于干旱少雨，雷击火从7月初一直延续到8月下旬。雷击火多发生在树木的生长季节，对森林破坏严重，易造成火烧迹地的害虫特别是次期性害虫扩散蔓延。

（二）河流与湖泊

内蒙古大兴安岭林区河流密布，属黑龙江流域，根据调查，境内共有大小河流7000多条，总长度34938 km，分属额尔古纳河和嫩江两大水系，其中一级支流100条，二级支流884条，二级以下支流6400条；30 km以上的河流135条，总长9443 km。林区境内最长的河流为诺敏河，全长365.1 km，流经库都尔、克一河、吉文、阿里河、毕拉河等6个林业局；其次是激流河，全长331.5 km，流经莫尔道嘎、满归、阿龙山、金河等4个林业局。林区河流以大兴安岭的主脉为界，岭东河流流入嫩江，属嫩江水系，岭西河流流入额尔古纳河，属额尔古纳水系。

1.嫩江水系

嫩江是松花江的上游，发源于大兴安岭支脉伊勒呼里山的南坡，海拔1044 m，共有大小支流3729条，其中一级支流15条。干流由北向南在黑龙江省齐齐哈尔市附近和第二松花江汇合，全长1869 km，流域面积24万 km²，在内蒙古大兴安岭林区境内长105 km，流域面积4.7万 km²。嫩江水系是一不对称的河流，支流分布右岸多于左岸。主要支流有多布库尔河、欧肯河、甘河、诺敏河、绰尔河等。各河流沿岸地形为山地或丘陵。

（1）甘河，发源于大兴安岭甘河林业公司甘上林场，干流自西北向东南，在黑龙江嫩江县西南5 km处汇入嫩江，全长446 km，流域面积1.93万 km²。在林区境内长312 km，流域面积1.69

万 km²。

（2）诺敏河，发源于大兴安岭东侧库都尔林业局小九亚林场，全长476 km，流域面积257 km²。林区境内长为365.1 km，流域面积1.99 km²，自西北向西南流至莫力达瓦旗尼尔基镇分两支注入嫩江。主要支流有毕拉河、扎文河等。

（3）绰尔河，发源于绰源林业局育林林场与乌奴尔林业局交界处，干流全长552 km，流域面积1.73万 km²。林区境内长148.5 km，流域面积0.53万 km²，自东北向西南流至江桥西北9 km处汇入嫩江。

2.额尔古纳水系

额尔古纳河是黑龙江的右上源，其上游是海拉尔河，大小支流4137条，其中一级支流85条。海拉尔河自东向西贯穿呼伦贝尔草原，与达兰鄂罗河交汇后称额尔古纳河，与左岸俄罗斯的石勒喀河汇合后称黑龙江。河流全长1608 km，流域面积15.8万 km²。林区境内长217 km，流域面积5.56万 km²。额尔古纳河是中俄两国的界河，主要支流有海拉尔河、伊敏河、根河、得耳布尔河、莫尔道嘎河、激流河等。

（1）海拉尔河，发源于大兴安岭西侧乌尔旗汗林业局兴安里林场的古利山北，自东流向西，上游称大雁河，流至扎赉诺尔北部阿巴该图山附近与达兰鄂罗河汇合，称额尔古纳河。海拉尔河是额尔古纳河的上游，干流全长715 km，流域面积5.45万 km²。林区境内长16.2 km，流域面积1.03万 km²，主要支流有库都尔河、伊敏河等。

（2）伊敏河，发源于阿尔山林业局伊敏林场蘑菇山北麓，全长340 km，流域面积2.27万 km²。林区境内长103.8 km，自南向北，在海拉尔北山下汇入海拉尔河。

（3）根河，发源于根河林业局萨吉气林场，全长428 km，流域面积1.59万 km²。林区境内长217 km，流域面积1.14万 km²，大体呈东西流向，在四卡北12 km处流入额尔古纳河，主要支流有图里河等。

（4）激流河，也称贝尔茨河，发源于大兴安岭西北坡汗马自然保护区北部，干流长331.5 km，流域面积1.59万 km²，上源为牛耳河，在金河林业局牛耳河林场与金河汇合后称激流河。由于受地形影响，该河流向变化较大，上游为东西流向，到金河口向北流，经阿龙山林业局，流至满归林业局敖鲁古雅转向西南，至安格林河口向西北流，穿过莫尔道嘎北部，至田登科附近汇入额尔古纳河。

（5）莫尔道嘎河，发源于莫尔道嘎林业局永红林场东南部，全长101 km，流域面积0.31万 km²。自东南流向西北，在太平林场20 km附近汇入额尔古纳河。

（6）得耳布尔河：发源于得耳布尔林业局青年岭林场东北部，全长58.6 km，流域面积0.44万 km²，自东流向西，流经杜博威汇入额尔古纳河。

（三）土壤

内蒙古大兴安岭林区的土壤，经岩石风化、地表径流冲击，气候理化作用形成在成土母质的基础上，通过地质年代的变迁，逐步形成了各类土壤。该林区地带性土壤为棕色针叶土，其分布从北纬47°以北，南狭北宽，北段以灰化棕色针叶林土及潜育棕色针叶林土为主，南部以生草棕色针叶林土为主，以分水岭为界，东坡从棕色针叶林土向暗棕壤及黑土过渡，西坡从棕色针叶林土经过灰色森林土向黑钙土、栗钙土过渡。在落叶松、落叶松与白桦混交林、樟子松林的林冠下多为棕色针叶林土；蒙古栎、黑桦林的林冠下为暗棕壤；白桦、山杨及杨桦混交林的林冠下为黑钙土和草甸土；在河谷中低洼积水地段多为沼泽土。

1. 棕色针叶林土

棕色针叶土的特征是森林残落物腐殖层下有明显的灰化层，表层腐殖质较厚，土层浅薄，土壤质地较轻，肥力较高，下层为棕色，石砾含量大，盐基量少，呈酸性反应。母岩由火成岩构成，以花岗岩类、石英粗石岩最多，具体可分为灰化棕色针叶林土、生草棕色针叶林土、潜育棕色针叶林土、棕色针叶林土、冻层棕色针叶林土等5个类型。其中前3个类型的特征为：灰化棕色针叶林土分布在不同坡向的中、上部及山顶部，植被以杜鹃—落叶松林、杜鹃—樟子松林、杜鹃—白桦林为主。一般森林枯枝落叶层较厚，腐殖质蓄积层明显，下部灰化层呈灰白色。植物根系分布在25 cm以上，超过25 cm石砾含量占70%～80%。土层薄、石砾多、质地粗糙、肥力中等。上层土壤含可溶性磷多，可溶性钾少。生草棕色针叶林土分布于不同坡向、坡度为3°～10°的山坡中下部，植被以草类—落叶树林、草类—白桦林为主。森林凋落物和草本植物残体较多。由于湿度适宜，分解速度快，在土壤中产生大量的腐殖质，土壤肥力较高，植物根系集中在20 cm以上，从40 cm开始石粒和角砾增多。上层土壤为弱酸性，缺少可溶性磷和钾，而下层则含有足够的磷和钾，成土母质为坡积的角砾石粒壤土。潜育棕色针叶林土分布于不同坡向5度以下的平缓坡地，植被以杜香—落叶松林为主。森林凋落物层很厚，粗腐殖质枯枝落叶层持水性强，并能引起弱的灰化作用。由于上层存在不透水层，湿度逐渐增加，阻碍了好气微生物的活动，土壤肥力较低，呈酸性反应。植物根系分布在30 cm以上，成土母质以坡积石粒角砾壤土为主。

2. 灰色森林土

灰色森林土分布在林区西部低山丘陵山区，阳坡或坡麓地带，植被以白桦、山杨和其他阔叶树为主。成土母岩主要为花岗岩、流纹岩，林下植被繁茂，枯枝落叶被分解后所形成的腐殖质较多，土壤肥力较高，并含有大量的灰分营养元素，盐基含量丰富，呈弱的灰化作用和弱酸反应。一般分为两个类型：灰色森林土和暗灰色森林土。灰色森林土分布于蒙古栎或白桦林下，接近于落叶松的中心分布区；暗灰色森林土分布于黑桦林下，接近于草原地带。

3. 暗棕壤

暗棕壤分布于中山地区的阳坡中上部，至低山丘陵地区，浑圆的漫岗或丘状地形上，植被以胡枝子—蒙古栎林、杜鹃—蒙古栎林、榛子—蒙古栎林为主。母岩多以花岗岩、石英斑岩、流纹岩为主，黏粒含量低，土层浅薄，通透性好，草本植物以喜光耐旱类型为主，枯枝落叶层较薄，有机质分解比较完全，呈弱酸性反应。

4. 沼泽土

沼泽土分布于林区山地的河谷、河川平地或闭流洼地，是在密生草类及苔藓植物生长环境下所发育的土壤，地下水位很浅或长期积水，一般根据土壤成土过程和地表水状况可分为腐殖质沼泽土、泥炭沼泽土和草甸沼泽土三类。腐殖质沼泽土位于地表不经常积水和虽积水但处于流动状态的山坡下部，土层中积累了大量的植物残体，在活水和死水相互交替作用下，形成了腐殖质沼泽土，具体由半分解的植物残体、腐殖质层、潜育层（永冻层）构成。泥炭沼泽土位于平缓山麓及河谷低洼地，经常积水且不易流动或底部有永冻层的地段，生长着杜香、水藓等地被物一般为该类型土壤，由于积水过多，排水不良，枯枝落叶分解不完全，积累为泥炭。该类型土壤肥力不高。草甸沼泽土位于季节性积水的河流两岸，植被以草甸为主。在活水的经常影响下，积累了大量的灰分元素和腐殖质，由于过于潮湿，泥炭层很厚，下面一般有永冻层，土壤肥力较高。

5. 草甸土

草甸土分布于河漫滩或河谷阶地以及平缓山脚漫岗，土壤多为坡积或冲击形成，地下水位较浅，地表排水良好，植被繁茂，多为禾本科和豆科植物，盖度为90%以上，根系量多，一般分布在50～100 cm间。能形成深厚的腐殖质层，分解良好，保水性强，含氮量高，肥力较高。

（四）植被

内蒙古大兴安岭林区植被是以兴安落叶松林为主体的森林植被，它是陆地生物圈的主体。在区系上属于欧亚针叶林植物区，少部分属于欧亚草原植物区和东亚夏绿阔叶林植物区。多种成分的渗入，丰富了植物的种类，在植物成分组成上有一定的过渡性。林区植被以中低山森林植被占优势，其地带性植被是以兴安落叶松为主体的明亮针叶林，在一定地域上掺杂有草甸、草原草甸、沼泽、灌丛和人工植被。内蒙古大兴安岭林区地处高寒地区，植物种类不算丰富，但由于自然生态环境优越，在同纬度属于种类较多的地区。经调查统计，林区共有木本植物38科82属235种，其中被子植物35科75属215种，裸子植物3科7属20种。在木本植物的组成中，种类多于30种的科共有2科，种类多于10种以上的科共有8科，种类多于6种以上的科共有10科。主要分布的树种为兴安落叶松和白桦。常绿乔灌木有樟子松、云杉、偃松、西伯利亚红松、兴安圆柏、杜香、越橘等，夏绿乔灌木有兴安落叶松、白桦、山杨、蒙古栎、甜杨、沼柳、榛子、三裂绣线菊、蓝靛果忍冬、金露梅、小叶锦鸡儿、西伯利亚小檗等。

二、林业有害生物发生现状、特点及成因

（一）发生现状

林业有害生物作为森林生态系统中的重要组成部分，在维持森林生态系统的平衡稳定、物质循环以及维护森林生物多样性等方面起着重要作用。林业有害生物包括病、虫、鼠（兔）及有害植物。目前我国每年发生并造成严重危害的林业有害生物约有200种，每年平均发生面积达1200万 hm^2，造成的经济损失高达1100亿元，外来有害生物入侵后造成的损失高达560亿元。内蒙古大兴安岭林区林业有害生物发生的种类约有60种，其中重大的林业有害生物约30种，包括松针红斑病、落叶松早落病、松落针病、樟子松溃疡病、松瘤锈病、落叶松癌肿病、杨树叶锈病、柳树叶

锈病、白桦黑斑病、落叶松毛虫、兴安落叶松鞘蛾、舞毒蛾、模毒蛾、白桦尺蛾、中带齿舟蛾、梦尼夜蛾、黄褐天幕毛虫、稠李巢蛾、云杉俏斑螟、落叶松球果花蝇、落叶松叶蜂、杨干象、落叶松八齿小蠹、云杉大墨天牛、云杉小墨天牛、棕背鼠、红背鼠和莫氏田鼠等。每年发生面积达30万 hm²，损失高达8亿元。近年来，新的危险性有害生物入侵不断暴发，且有愈演愈烈之势。如世界性检疫性大害虫松树蜂已经入侵东北地区，造成大量樟子松死亡，并且在内蒙古大兴安岭甘河林业局发生；模毒蛾暴发成灾，发生面积达10多万 hm²，使发生区落叶松纯林、白桦纯林树冠光秃，树势生长衰弱，生长量显著降低，并造成个别树木死亡。针阔叶树病害呈高发、暴发态势，松针红斑病、松落针病、落叶松早落病、白桦黑斑病、杨柳叶锈病等近几年出现分布区域广、发生面积大、危害十分严重的现象，其中仅松针红斑病就造成樟子松苗木死亡1300多万株。

（二）发生特点

林业有害生物落叶松毛虫、落叶松鞘蛾、落叶松八齿小蠹、棕背鼠等常发生面积居高不下，总体呈上升趋势；突发性林业有害生物模毒蛾、柞褐野螟、中带齿舟蛾、梦尼夜蛾、杨白潜蛾、樟子松溃疡病、桦树黑斑病、杨树叶锈病等大面积暴发，损失严重；危险性有害生物松树蜂等入侵速率加快，成为重点国有林区的生态资源安全的潜在巨大威胁；多种次要害虫上升为主要害虫，造成危害的种类不断增多，灾害预防难度加大；经济林有害生物日趋严重，制约当地林业经济健康发展。

（三）成因分析

一是森林质量不高，抵御自然灾害能力较差，是造成林业有害生物高发重发的主要原因。长期以来，内蒙古大兴安岭林区长期的采伐利用，营造大面积人工纯林，加上气候变暖、森林火灾、风雪灾害等自然因素的共同影响和干扰，森林生态系统失衡，森林健康减弱，为林业有害生物的繁衍、传播和危害创造了良好的条件。目前内蒙古大兴安岭林区中幼龄林的比例占比近68%，针叶林占70.7%，这样的森林类型，树种单一，林龄偏小，结构简单，生物多样性程度低，地力衰退严重，抗逆性和抵御林业有害生物能力差，极易受到生物侵袭和严重危害。二是气候异常，有害生物发生的诱因增多，是造成林业有害生物多发高发的重要影响因素。内蒙古大兴安岭林区近些年来气温平均增高0.5～2 ℃，森林生态环境的平衡被打破，多雨、高温、干旱等极端天气增多，导致森林对气候的调节适应能力明显不足，造成林业有害生物的发生加剧，灾害损失巨大。三是旅游、贸易、物流活动频繁，为有害生物入侵和暴发创造了条件。随着全球贸易的飞速发展、森林旅游的方兴未艾和物流运输贸易的崛起，交通工具的灯光成为移动的黑光灯吸引远远近近的害虫，快速移动的交通工具卷起的气流成为病原菌扩散传播的主要动力，有意或无意对外来或本土危险性有害生物的携带成为间接传播有害生物的"帮凶"。四是体制机制不健全，管理不完善，是造成林业有害生物灾害治理不力，严重发生的重要因素。社会认知程度不高，惯性逻辑思维推动，从上到下，从林业有害生物防治基础到人才队伍建设，从资金投入到技术手段，从森防文化建设到宣传影响力均远远落后于经济社会发展水平，灾害监测不及时，防灾、减灾能力弱，检疫执法不力，技术手段更新难……根本原因在于对林业有害生物防治工作在生态文明建设中的地位认识不清，管理混乱，把脉不准，拿摄不稳，断档严重，接继困难。

三、林业有害生物防治策略

林业有害生物防治是防灾减灾的重要内容，它不仅具有自然灾害的突发性、暴发性和持久性，更有生物灾害的隐蔽性、特殊性和复杂性，治理的长期性和艰巨性等特点。必须高度重视并加强林业有害生物防治工作，这是维护国土生态安全的需要，是建设生态文明的必然选择，是促进经济贸易发展的战略举措，是建设美丽中国的必然要求。林业有害生物防治要贯彻落实"预防为主，科学治理，依法监管，强化责任"的方针，必须牢固地树立森林健康理念，建立分类施策、重点突破、空地相连的立体监测网，实施以生物防治为主的科学绿色防治，加快以物联网、大数据为依托的森防信息化建设，为保护森林资源、维护生态安全、促进生态建设、实现美丽中国梦提供强有力的保障。

（一）牢固树立森林健康的理念，把林业有害生物治理措施贯穿于林业生产全过程

全面贯彻落实《国务院办公厅关于进一步加强林业有害生物防治工作的意见》，紧紧围绕"预防为主，科学治理，依法监管，强化责任"的森防方针，将森林健康理念贯穿于林业生产全过程之中。森林健康是指通过人对森林的科学经营，实现森林生态系统具有稳定和谐的森林结构，较强的抗灾害的能力，并能为人类提供较多的生态服务功能和森林物质产品。通过营造近自然森林、抚育管理森林、预防和控制林业有害生物灾害，除去森林中的不稳定因素，提高生态系统抗逆能力，使森林生态多功能服务得以充分发挥。同时通过森林健康教育，推行森林健康理念，有利于提高森林经营水平，实施以营林为基础，适当人为干预，准确监测预警，科学高效的管理策略，对林业有害生物实施全面调控。一是培育健康的森林，将林业有害生物防治工作者贯穿于森林经营全过程，良种壮苗，适地适树，抗逆性强的品种，强化造林环节的科学规划，注重后期的管理，抚育、间伐、多层次、多树种、多类型的合理搭配，提高森林质量和生物多样性，防止外来生物入侵等，从根本上保证森林的健康水平，提高森林免疫力，达到持续经营管理，生态系统稳定的目的。在林业有害生物防治方面，全面实施以生物防治为主的绿色防治，以封山育林、纯林改造、营造混交林、林灌草有机相结合的治本之策，同时对不同的林业有害生物采取有针对性的治理途径和措施，专一性治理，避免非靶生物受到影响，减少点源污染，对传入的外来有害生物应及时根除，封锁扑灭，确保森林安全，逐步达到森林自身对有害生物的动态调控的目的。

（二）强化体系建设，提高防范和化解林业生物灾害风险能力

林业有害生物涉及的知识面范围广，内容多，包罗万象，往大里说涉及地球生态圈，往小讲涉及病毒微生物，因此需要建设专业人才队伍，特别是基层或区域专业人才队伍建设得是否完善是关系到防控成败的关键，因此，提高技术人员业务素质是一项长期而艰巨的任务，制定中长期的人才发展战略和建立长期规范的业务培训机制是森防事业发展的不竭源泉。这就需要在此基础上全面建立健全监测预警体系，准确及时地掌握林业有害生物发生动态，科学分析判断未来发展趋势，为科学防治提供依据，为检疫封锁提供第一手基础资料。在此基础上，建立健全检疫御灾体系，有效

阻断有害生物的人为传播造成新的疫情或灾害；建立健全防治减灾体系，增强应对扑灭重大林业有害生物发生的能力，提高防治效率，减轻灾害损失，减轻环境压力，实现林业有害生物最及时的监测诊断，最高效的检疫预防，最科学的防治措施，达到灾害的可持续控制，为生态建设和安全提供最强有力的保障。加强档案管理是一项非常重要的工作。档案管理工作是森防事业发展的基础性工作之一，档案主要包括各种测报、防治、检疫原始材料，声像资料、参考书资料，动物、植物标本，昆虫、病害及害鼠标本，昆虫生活史标本等。档案由专人负责，建立严格的档案归档制度，每年的档案应及时归档，防止由于人员变动而造成档案的遗失，同时建立电子化档案，提高档案的利用效率。随着计算机技术的普及应用，大数据应用已成为现实，互联网、物联网的应用为数字森防建设提供了巨大的发展机遇。对森防工作来讲，架起信息畅通通道，使各种最新的森防信息及时输入计算机，并通过网络上传下达，保证防治工作中的问题快捷地处理，使森防工作由被动转向主动。同时，建立以计算机为平台的森防信息数据库，使数据管理、人员管理、领导决策、资金管理等能够以更为科学的方式运行。

（三）实行科学治理，全面提高森林生态系统自我调控能力

森林生态系统是一个有机的整体，需要用系统论、控制论、自然论的观点来提出问题，分析问题，解决问题。科学治理的关键在人对森林利用用途的出发点，当前和今后，生态保护成为时代的主旋律，人们的经济建设、文化建设、社会建设等均离不开生态文明建设，离不开保护自然、顺应自然和融入自然。因此，对林业有关害生物要实行科学治理，既要坚持"分类施策"，又要"联防联治"；既要坚持"政府主导"，又要"社会化防治"；既要坚持"预防为主"，又要"重点根除"；既要坚持"自然调控为主"，又要"适当的人为干预为辅"；既要坚持"重点区位优先"，又要"祖国大地兼顾"。把林业有害生物防治贯彻于森林生态建设的全面过程中，提高森林质量，全面提高森林生态系统自我调控能力。

（四）加强科技攻关，提高解决森防难题的能力

由于林业有害生物的种类非常多，在不同地区发生的种类是不相同的，而有些林业有害生物在过去未进行过研究，所以遇到这样的问题应当进行必要的科技攻关，尽快掌握其生物学特性、发生规律、防治指标及科学有效的防治措施，如灯光诱集技术的实验研究，信息素技术的全面推广应用等。这就要求我们的森防人员既要热爱本职工作，热爱本行业，又要有高度的责任感和使命感，为林区的林业有害生物防治事业的发展贡献自己的聪明才智。

四、林业有害生物防治技术

林业有害生物防治是指对林业有害生物所采取的多种治理措施。目前，内蒙古大兴安岭重点国有林管理局积极倡导环保绿色无公害防治森林病、虫、鼠害技术，并落实到日常的防治工作中。积极倡导森林健康理念，实施林业有害生物绿色无公害防治，对林区特色山珍产品的加工出口业具有重大的意义，对林区的经济发展和生态环境保护将产生极大的推动作用，同时也有利于打破林业有

害生物周期性暴发成灾的规律性，在较长时期内将林业有害生物控制在不成灾的水平上。

从目前来讲，林业有害生物防治已经形成了以森林经营为基础，以生物防治为治本之策，综合应用航空器防治、物理器械防治、生物农药防治及化学无公害防治技术措施。在全林区形成了"以鸟治虫"、苏云金杆菌、白僵菌、灭幼脲、阿维菌素、P-I趋避剂、鼠不育剂等生物防治为主，以人工防治（摘茧、采卵块、修病枝、鼠夹捕鼠、捕鼠网、陷阱等）、物理机械防治（黑光灯诱集、信息素诱集、饵木诱集、集虫器等）为辅的林业有害生物综合治理新模式。

（一）森林经营措施

应将林业有害生物防治工作纳入到森林经营全过程中，从选种、育苗、造林、抚育、采伐及采种等，使不同的森林类型、不同的经营目的、不同的经营战略、不同的森林功能定位，林业有害生物防治工作均能起到促进森林健康，为人们提供丰富安全的林副产品发挥保驾护航的作用。

（二）生物防治

生物防治是指利用生物及其产品控制有害生物种群的一类防治技术。悬挂人工鸟巢箱招引食虫防治虫害；投放人工繁育的天敌寄生蜂卵卡，降低卵孵化率起到防治作用；人工助迁寄生性天敌如寄生蝇、寄生蜂和捕食性天敌瓢虫、红胸郭公虫等防治害虫；设立猛禽站杆、堆施石堆或枯枝堆，为天敌提供落脚点和隐蔽场所，防治森林鼠害；在高温、高湿季节人工点状喷洒白僵菌、苏云金杆菌等生物农药防治森林害虫。生物防治的优点是对生态环境无害或者影响极小，对人、畜、野生动植物安全，专一性强，是生态环境中的成员，利用便利。缺点是生物防治效果慢，大发生后无法满足及时压低种群的要求。

（三）物理器械防治

充分利用林业有害生物的生活习性进行防治，如根据害虫的趋光性，可以利用黑光灯进行诱杀，利用引诱剂诱捕器诱杀，利用饵木或草把等诱杀，利用糖醋进行诱杀，利用集虫器采集诱杀，利用颜色诱捕种实害虫；利用物理器械如环型鼠夹、捕网、陷阱等进行捕杀；利用人工捕捉、网捕、振落、摘除卵茧及病虫枝等；利用阻隔法如胶带环、塑料环、围腕、围网等防治有害生物；对病虫叶枝进行烧毁处理；对种实象甲利用微波或热水浸种处理。物理器械防治是防治的重要措施和手段，是一种直接有效的防治措施，但一般治理面积小，费工费时，效率低下。

（四）化学防治

化学防治是利用化学药剂防治有害生物的一种重要的技术手段，操作简单，效率高，见效快，可以用于各种有害生物的防治，尤其在大发生时能及时控制。当前我们使用化学农药的方法包括航空器超低量或低量喷雾法、车载大型喷雾器喷雾法、人工背负式喷雾器喷雾法、喷粉法、喷烟法、烟剂防治法、粉炮法、拒避法、饵剂法等。林业推广的药品主要是植物源或生物农药。

五、林业有害生物预测预报的管理

什么是林业有害生物预测预报？林业有害生物预测预报主要包括两方面的内容：一方面是根据

林业有害生物过去发生规律和现在的变动情况，预测未来的发生危害状况；另一方面是将这种预测的未来发生危害状况及时通过各种渠道发布出去，并制定相应的有效防治策略和防治方法。林业有害生物预测预报不是凭空捏造的，而是依据林业有害生物的生物学、生态学、生理学特点，以系统的观点、信息论和控制论为指导，调查研究森林生态系统中林业有害生物的种群遗传特性（例如病害的孢子飞散规律、发病机制、感病部位；害虫的性比、繁殖量、存活率、种群结构、发生规律；鼠害的种类组成、雌雄比例、繁殖代数、每代的繁殖量、种群的生命表、发生规律等）和外界环境条件的影响因素（如寄主树的抗病性、抗虫性、营养价值、食物的丰歉度、天敌多寡、气候的适宜与否、人为活动频率、太阳活动状况等）相互作用下的变动规律，从而对未来的发生状况做出正确的测报。因此，只有熟悉林业有害生物的生活习性、发生规律，采取科学的取样方法，一丝不苟、科学认真地调查，获取大量可靠的原始数据资料，利用统计学方法进行分析，才能及时有效地准确预测出某一种或数种病虫害未来的发生趋势，指导当地的林业有害生物防治检疫工作正常开展，减少防治工作的盲目性和被动性，才能及时采取有效的防治措施，防到关键，治在要害，防患于未然，从而节省大量的防治费用，达到事半功倍的效果。换句话说，只有搞好了林业有害生物预测预报工作，才能为科学防治林业有害生物奠定基础，这对保证林木健康成长，巩固造林成果，保护森林资源，充分发挥森林的经济、社会与生态效益具有重要意义。所以说，要把林业有害生物防治检疫工作搞好，首先必须将测报工作做好。

（一）林业有害生物预测预报的作用

林业有害生物预测预报是一项基础性的工作，根据我国《林业有害生物预测预报管理办法》规定，测报的对象指对森林、林木、林木种苗造成危害的害虫、病害、害草、害鼠等有害生物及其对森林造成的灾害，因此预测预报必须掌握害虫、病害、害草、害鼠等有害生物的生物学习性、发生规律、种群动态，为正确制定防治方案、采取防治措施及检疫措施提供依据，并及时发布相关信息，是实现"预防为主、科学治理，依法监管，强化责任"的前提条件。林业有害生物预测预报可以为防治、检疫工作的正常开展提供可靠依据；为领导的决策、森防各项工作有序开展，合理组织人、财、物的分配起到支撑作用；为森林植物检疫对象疫区和保护区的划定及检疫措施的制定奠定基础；为生产、科研、教学等提供重要的信息数据。

（二）国内外林业有害生物预测预报发展趋势

随着社会进步和科学技术的不断发展，林业有害生物预测预报的发展也正由传统的测报模式向现代测报方式转变，即由一般常规测报向综合性系统测报方向发展；由定性测报向定量测报转变；由静态的阶段性病虫害调查向动态的连续性种群观察方向转变；由单一的一病、一虫、一鼠的种群生态学向森林生态系统方向转变。特别是大数据时代，林业有害生物预测预报正在向管理制度化、组织网络化、技术标准化、监测现代化、信息共享化、预报数字化方向发展。当前最为流行的测报技术是"3S"监测技术、计算机技术、信息素技术、灯光诱集技术等先进技术。

（三）林业有害生物预测预报管理

林业有害生物预测预报管理是指对森林病、虫、鼠、有害植物及影响其发生发展的诸多相关信息的采集、处理、预测、发布、反馈和评估等活动中所进行的行政管理活动的总称。其中也包括对测报活动的决策、组织、实施、监督、协调和制定相关的管理制度等。林业有害生物预测预报管理的基本要素主要包括：

1．测报员的管理

测报员主要分为专职测报员和兼职测报员。对专职测报员要定期进行相关专业技术技能的培训，提高测报员的业务素质及知识的更新，使其能够胜任本职工作；对兼职测报员也要不定期地进行培训，使之能担当本地的林业有害生物测报工作。

2.测报对象的管理

测报对象指对当地主要林业有害生物经过长期的固定标准地调查和线路踏查所掌握的生物学特性、分布范围、周期性发生规律、危害程度、天敌种类、环境条件等最基本的科学素材。测报对象是林业有害生物防治的主要对象。同时，对一些次要害虫实施的动态监测，也应积累相关的历史资料。

3.测报信息的管理

测报信息除了必须掌握测报对象的有关信息外，还应搜集与之相关的气象因子（包括温度、湿度、光照、风）、地壤因子、地形因子、生物因子、火因子和人为活动等，这些信息的搜集整理是非常必要的，也是建立科学预测预报模型的基础信息资料。

4.测报方法和手段的管理

针对当地不同的防治对象和所掌握的信息数据，利用一定的测报方法和测报手段（主要有经验公式法、温雨系数法、一元回归法、多元回归法、模糊类聚法、物候法、生态学方法、物理化学方法等），建立适合当地的有效的测报方法，达到一定的预测预报精度要求，降低测报费用。同时要加强对测报方法和手段的管理，真正实现可持续控制林业有害生物。

5.测报结果的管理

对测报结果的管理主要是建立测报档案，使测报结果能长期为当地的林业发展和林业有害生物防治工作服务，不能因人事变动而使重要的原始资料和研究成果丢失，对未来林业有害生物测报防治工作造成一定负面影响。

六、林业有害生物预测预报的原理及内容

（一）林业有害生物预测预报的原理

林业有害生物防治研究的对象主要是森林病害、害虫、害鼠及有害杂草，任务是保护森林不受有害生物的侵害和影响。当林木遭到林业有害生物为害后，可以引起生长受阻，严重时可能造成死亡，给森林生态环境造成巨大破坏和无法弥补的经济损失。因此，准确及时、连续有效、系统掌握林业有害生物发生规律，对其未来发生发展趋势做出准确预测预报，在未造成损失之前，将其控制在萌芽状态，可以确保森林安全。我们能够监测和预报林业有害生物的发生或暴发，掌握其发生规

律，并能及时采取合理的防治措施加以控制，其原理在于：

森林病、虫、鼠及其他有害生物都是自然界中存在于森林生态系统中的生物实体，是可测、可控和稳定的，因此，它们的变动是有规律可循的，是能够为人们所认识和掌握的。

通过不同林份的固定标准地，取样合理，调查认真，观察细致，记录详细，了解主要林业有害生物的生物学特性、形态特征、生态适应性，掌握其发生与环境条件和人为活动的关系，将所积累的原始资料及时进行全面分析，按照有效的预测方法，就能准确地预测林业有害生物的发生期、种群数量变动量、发生范围及危害程度。

利用科学的技术方法和先进的仪器设备，能在测报精度方面取得进步，提高预测准确性。

（二）林业有害生物预测预报的内容

根据林业有害生物的发生流行规律及时预测其未来发生情况的不同，预测预报的种类可以分为定期预报（指根据林业有害生物发生或流行规律，定期发布预报）、警报（近期将暴发面积在 50 hm² 以上的严重的病虫害时，由县级测报机构迅速发布的预报）和通报（全面报道本地区病虫害的发生发展以及防治动态等）三种。定期预报又分为短期预报（指一个世代或半年内的发生情况）、中期预报（指相隔一个世代或半年以上的发生情况）、长期预报（指相隔两个世代或一年以上的发生情况）。预测预报的内容主要有以下几方面：

1. 发生的种类

发生的种类是指哪种林业有害生物发生了，寄主是什么，在什么部位危害。

2. 发生期

了解发生期主要是为了确定病虫害防治的最适时期，包括林业有害生物的病原扩散和发病的始见期、始盛期、盛期、盛末期及终止期；森林害虫各虫态或虫龄出现的始见期、始盛期、盛期、盛末期及终止期；森林害鼠活动和危害的始期、盛期及末期。

3. 发生量

发生量是确定林业有害生物未来是否会造成危害、是否需要防治的指标，包括被害株率、感病指数，有虫株率、虫口密度，被害株率、鼠密度等。

4. 发生范围

发生范围主要是指林业有害生物发生的地点、发生面积和发生区域，以此来确定具体的防治范围。

5. 危害程度

危害程度主要是确定林业有害生物有无防治的必要。森林病虫鼠害发生后可能造成的危害，一般划分为轻度、中度及重度。在病虫害发生呈上升趋势时，为有效控制其种群扩散蔓延，根据生态、社会及经济条件，可以在轻度及轻度以下发生时进行预防性防治，对中重度危害发生应及时进行治理。

七、森林有害生物测报技术

（一）森林病害

1.森林病害的概念

我们一般把在森林生长发育的过程中，如果外界条件不适宜或遭受有害生物的侵染，使林木在生理与组织上、形态上发生一系列反常的病理变化，导致林木产量降低，质量变劣，减少或失去经济价值，甚至引起死亡的现象叫作森林病害。森林病害的发生有一个病理变化过程，首先是生理上发生变化，如植物体内各种酶的增加或减少，呼吸作用增强，蒸腾作用加强等；其次是组织上发生变化，如植物的细胞的体积变化，数量的增加，甚至于细胞的死亡等；第三是形态上发生变化，表现出变色、畸形、叶斑、萎蔫、腐烂、枯死等不正常现象。

森林病害由于病源的侵染性质不同，可以分为侵染性病害和非侵染性病害。侵染性病害是指引起森林病害的病原物是生物性病源物，可以通过一定的途径相互传染，又叫寄生性病害，如由真菌、细菌、病毒、植原体、线虫、类病毒等引起的病害。非侵染性病害是指在植物生长发育的过程中，由于遇到不适的环境条件，如温度、湿度、水分、营养和有害物质等非生物因素的影响，引起植物体的生理失常，在形态上表现症状，由于该病害不会传染，所以又叫生理性病害。

林病原物与寄主植物感病部位从接触侵入，到引起植物表现症状所经历的整个过程叫病程。一般将病程分为侵入期、潜育期和发病期。病源物侵入的途径主要有从伤口侵入、自然孔口侵入和直接侵入三种。发病期间，对生物性病源物来说，这时已从自然生物阶段进入到繁殖阶段。林木病害症状出现后，寄主感病部位的组织呈现出衰退状态或者死亡，侵染过程即停止。病原物会在一定时期和空间内继续侵染，这样病害就得以在更大的范围内扩散蔓延。

在森林植物发病后，自发病的中心地区向一定方向、一定距离产生病害分布梯度，在分布梯度上，距离病源中心越远，病害的密度越小。一般来说，除了人为传播的病害外，均由病源的发病中心向四周随风或气流进行传播，分布梯度相对明显，在林间呈核心分布。如早落病、癌肿病等。

研究病害的病源物、病害产生的方式及传播途径，目的是根据病害流行的规律和即将出现的有关外界环境条件来推测病害在今后一段时间内流行的可能性，掌握发生期及发生量。

我们通常把一定地区、一定时间内某种病害普遍而严重地发生，使林木受到巨大损失的现象称为病害流行。

那么病害流行需要什么样的条件呢？病害流行的条件一是要有大量的感病植物（寄主），二是要有致病力强的病源物，三是适宜的环境条件。这三个条件缺一不可，必须同时存在才能引起病害的流行。

森林病害的预测主要是依据病源物的生物学特性，侵染过程和侵染循环的特点，病害流行前寄主的感病状况与病原物的数量，病害发生与环境条件的关系，当地的气象预报等。通常将这些情况掌握得越准确，病害的预测就越可靠。

2. 病害发生期预测预报主要方法

（1）实际调查法。根据某种病害孢子飞散期的实际调查，掌握孢子飞散量，根据天气预报数据，发出防治适期预报。

（2）回归气象法。由于孢子的飞散期与气象因子之间存在明显的相关关系，可以根据当地历年气象数据资料和历年来捕捉孢子情况，建立孢子相关的预测式进行预测。

（3）经验法。可以根据多年积累的经验，将当地某一时期气温、相对湿度和降雨量三个指标相结合，估测当年某一病害的发生期。

3. 病害发生量预测预报方法

（1）生物气候图法。以当地气象部门当年预报的6～8月的月或旬相对湿度及降雨量为纵坐标，以6～8月的月或旬平均温度为横坐标绘制气候图，构成一个三角形。再用某种病害发病的最适相对湿度和温度范围构成一个矩形。三角形和矩形共同构成预测生物气候图。如果整个三角形全部落入矩形框内，则表示当年发病重，应及时采取防治措施；如果三角形有两个交点落入矩形框内，则表示发病较重，可以采取一定的防治措施；如果三角形仅有一个点落入矩形框内，则表示发病轻；整个三角形全部落在矩形框外，则表示发病非常轻，或几乎不发病。

（2）回归式预测法。这种方法较前一种方法在预测精度方面有很大的提高，主要是根据发病情况与气候因子的相关关系，经过分析，找出前期预报因子进行一元回归或多元回归，建立回归预测式。

（二）森林虫害

1. 发生期预测预报

虫害的发生期测报中常将某一虫态某一虫龄期的发生期，按其种群内个体随着时间推移的变化进度分为始见期、始盛期、高峰期、盛末期和终止期。各龄期和虫态在林间的数量规律是：开始为个别零星出现，然后数量逐渐增加，到一定时候则急剧增加达到高峰，随后又急剧下降，转而缓慢减少，直到最后消失。发生期测报主要有以下几种常用方法。

（1）生物学方法。害虫自身的生物学特性及外界环境条件对害虫的生长发育全过程也有很大的影响。因此，对害虫外界环境条件及生长发育特性的研究可以预测出其种群发生的迟早。

（2）形态构造预示法。根据害虫某虫态的发育进度加上相应的虫态历期就可以测报下一虫态的发生期。害虫在发育的过程中，外部形态和内部结构特征会发生变化，这种变化是有差别的。如落叶松毛虫卵的颜色的变化，初产的卵为淡绿色，然后变为灰白色、紫褐色，接近孵化时变为深褐色、黑褐色。

（3）发育进度预测法。发育进度是通过林间调查和认真观察，结合室内饲养获得的不同虫态和虫龄资料，随时间的推移预测某一虫态或虫龄出现的数量，绘制成分布曲线，然后以此曲线作为预测的起始线，加上变化到以后的各虫态或虫龄的发育历期，即可以预测出相应虫态或虫龄的始、盛、末期。

（4）期距法。根据历史资料，通过计算找出害虫自然种群各虫态或各世代之间的生长发育历期。

（5）有效积温法。各种害虫的不同虫态或虫龄都要求有一定的发育起点温度才能开始生长发育，完成某一发育阶段或完成整个世代都要求有相对稳定的有效积温。对某种害虫来说，其发育起点温度和有效积温是个常数。一般用公式表示为

$$K = N（T-C）\qquad\qquad（1-1）$$

$$V = 1/N\qquad\qquad（1-2）$$

式中：K——有效积温；

N——发育天数；

T——平均温度；

C——发育起点温度；

V——发育速率；

N——饲养害虫时的实验温度组数。

由式（1-1）可以推导出式（1-3）

$$N = \frac{K}{T-C}\qquad\qquad（1-3）$$

在上述的公式中，要求测定害虫的某一发育阶段的有效积温K值和发育起点温度C值，然后根据未来平均温度的预测值，计算出发育历期或天数N值，同时可以求出相应的发育速率V值。通常情况下，有效积温K值和发育起点温度C值的求法有两种：一种是人工实验室恒温法，即利用实验室内利用人工控制的恒温条件下，把要测定的害虫饲养在至少5个不同温度的恒温箱内，灵敏度保持在±0.5℃之间，保持一定的害虫数量（虫龄相同或虫态相同）和相同的食物条件，观察发育历期N及发育速率V，根据积温式（1-4）和（1-5）求得有效积温 K 值和发育起点温度 C 值；另一种方法是自然变温法，要求实验害虫的组数在10组以上，在野外近自然条件进行饲养观察某一害虫不同虫态或虫龄的发育历期N及发育速率V，并按照式（1-4）和（1-5）求得有效积温K值和发育起点温度C值。

$$K = \frac{N\sum NT-\sum V\sum T}{n\sum V^{2}-\left(\sum V\right)^{2}}\qquad\qquad（1-4）$$

$$C = \frac{\sum V^{2}\sum T-\sum V\sum VT}{n\sum V^{2}-\left(\sum V\right)^{2}}\qquad\qquad（1-5）$$

（6）物理学测报方法。森林害虫对光波、电磁波、射线等存在特殊的反应特性，可以根据这

一特点，利用黑光灯、频振灯、双波灯、遥感技术、雷达、软X射线、放射性同位素示踪等物理科学测报方法监测预报害虫的发生期。

（7）化学测报方法。很多森林害虫都具有释放不同类型信息素的特性，或对食物的某些化学成分非常偏爱。因此可以利用这一特性对森林害虫进行预测预报。如利用落叶落松鞘蛾性引诱剂诱集雄成虫，利用小地老虎对糖醋有强烈的趋性进行趋化性诱杀，小蠹虫非常喜欢松节油，可以利用含松节油的饵木诱杀之。

（8）物候学测报方法。害虫经过长期的环境适应后，形成与其危害的寄主树木生长发育的某一阶段相适应，或与周围的其他生物的发生密切相关。利用这种生物学方面的适应性可以来预测害虫的发生期。在物候观察的同时，不但应注意物候表象与害虫某一虫态出现的时间，更重要的是能找出害虫发生期以前的物候现象。这对害虫的预测预报更具有意义。

2.发生量预测预报

发生量预测预报是林业有害生物测报工作的重点内容，是防治决策的最有力的证据之一。因此，根据历史资料、气象资料和当前调查的数据资料对未来害虫发生情况进行预测，不仅对掌握害虫的种群未来一段时间内发生动态是非常重要的，而且对其采取何种防治措施也是至关重要的。一般害虫发生量预测方法常用的有以下几种：

(1)有效虫口基数法。一般来说，害虫发生量通常与前一代的虫口基数有密切关系，基数越大，下一世代发生可能就越大；反之则越少。常用的公式为

$$P = P_0 \left[e^{\frac{f}{m+f}} (1-M) \right]$$

式中：P——下一代害虫发生量；

P_0——上一代害虫的虫口密度；

e——每头雌虫平均产卵数；

f——雌虫数量；

m——雄虫数量；

$1-M$——存活率。

$1-M$还可以写成$(1-a)$、$(1-b)$、$(1-c)$、$(1-d)$。其中，a，b，c，d分别为卵、幼虫、蛹及成虫生殖前的死亡率。

这种方法在害虫数量相对较为稳定时期进行虫口调查，了解和掌握影响害虫的主要因子，如天敌种类、寄生率、捕食量、寄主树木的被害状况以及害虫生殖指标如。蛹重、产卵量、性比及气象要素等进行综合分析，就可以做出相应的预测。

但是这种预测方法调查任务较重，调查时间长，应将固定标准地调查和室内害虫饲养观察同时进行，才能较为准确地利用上面所讲的公式进行预测。这种方法将在分章节时进行详细举例说明。

(2)生物气候图法。这种方法与病害的生物气候图预测方法相似，这里不再重复。

(3)黑光灯诱集预测法。黑光灯是森林害虫预测预报的重要工具，由于其操作简单方便，成本低廉，节省人力物力，并且预测准确率高，因此在掌握害虫的发生期、发生量、发生范围等方面应用非常普遍。

黑光灯诱集技术在应用时应该注意以下几点：一是要做到五个固定，即每夜开关灯时间固定、每年开关灯时间固定、地点固定、灯高固定、灯泡瓦数固定；二是要安排有一定昆虫鉴定技术的专业人员负责；三是要认真查清所诱集到的昆虫种类和数量；四是要认真做好调查记录和汇总统计工作；五是做好灯诱专项档案管理工作。

(4)经验指数法。我们可以根据所掌握的资料进行归纳总结，将主要森林害虫发生量与气候指标进行关联分析，找出相关的经验公式进行发生量预测。

(5)其他测报方法。我们今后经常要用到的方法有数理统计法、生命表法等。这些方法在具体到落叶松鞘蛾时进行详细阐明。

3.危害程度测报方法

当森林害虫虫口密度达到一定程度的时候就可能对森林生长造成损失，这时就必须采取有效的综合防治措施进行控制。我们将虫口密度达到其所造成的损失与森林生长在正常状况下的生长量相等作为临界值，这个临界值在森林害虫防治中作为防治指标。

危害程度计算（主要指食叶害虫危害率）的公式为

$$被害率 = \frac{被害株数}{总株数} \times 100\%$$

或

$$被害率 = \frac{被害叶数}{总叶数} \times 100\%$$

$$P_i = \frac{\sum(V_i n)}{N(V_a + 1)} \times 100\%$$

式中：P_i——危害程度；

N——调查总株数；

n——某一等级株数；

V_a——最高级值；

V_i——某虫害级值。

例如，某林业局调查了100株落叶松样树测定松毛虫危害程度，根据调查材料整理得到：1级50株，2级30株，3级20株，则利用危害程度公式计算得42.5%。则该林业局落叶松毛虫危害程度为42.5%。

在进行危害程度调查时，若遇到同一林分的危害情况不同，衡量危害程度的方法是设立调查标准地，并估计面积，然后加权平均即得到危害程度。危害程度指标通常确定的方法是利用室内饲养幼虫取食量和林间人工摘叶法模拟害虫试验所得，即防治经济阈值。或者利用林间按照不同立地条件设立的固定标准地，在不同固定标准地内固定不同虫口密度的调查样株，并保持不变，然后在树木停止生长后进行采伐，并进行树干解析，确定在不同虫口密度时的木材损失量，确定危害程度。

4.发生范围测报方法

这主要是为了确定某种害虫具体的发生地点、发生范围及划定准确的发生面积。因此，要紧紧抓住害虫扩散蔓延的生活习性及发生规律，掌握害虫的繁殖力、发生周期，迁移的方向、距离，虫口密度与发生地环境条件关系等。一般在发生范围的测报中，常用的方法是黑光灯法、信息素法及同位素标记法等。随着计算机技术的日益普及，利用计算机模拟害虫种群动态趋势进行监测预报发生范围已经成为可能，并在棉铃虫、稻飞虱、蝗虫等农业害虫种群动态监测方面已经成功应用。在林业方面，随着大数据的普及，利用计算机模拟害虫种群动态趋势进行发生范围的监测预报技术推广应用也将能够实现。

（三）森林鼠害

森林鼠害的发生与环境因素有着密切的关系，3年左右的落叶松、樟子松受害重，春季降雪量大鼠害重，林副产品丰年的次年鼠害发生重，人为活动干扰大的林分特别是人工造林苗受害重。解决鼠害必须从改善环境条件入手，有效恢复森林植被，保护天敌资源，主要采取预防措施，合理使用化学杀鼠剂，综合治理，使害鼠种群处于一个良性的动态平衡中，减少对绿化造林成果的危害。

1.森林鼠害调查方法

森林鼠害发生一般可分为连续性大发生、周期性大发生和偶然性大发生三种类型，鼠害的变动趋势一般分为平衡期、增殖期、猖獗期和衰退期4个阶段。因此，森林鼠害调查主要包括鼠种的调查方法、鼠害密度的调查方法、鼠类繁殖调查方法和鼠年龄调查方法。

（1）鼠种的调查方法。调查内容是区系组成，调查方法是夹夜法。调查样地内捕鼠数量不少于30只。一般将一个个体地区或者一年内捕获的鼠类占总数50%以上的种称为优势种，占5%～50%称为常见种，小于1%的称为少见种。

（2）鼠密度调查方法。调查方法有捕净法、标志流放法、鼠夹法、鼠迹法、毒饵法、有效洞调查法等。

（3）鼠类繁殖调查法。包括繁殖期、繁殖量、怀孕率、胎仔数、胎斑数、性成熟年龄等。一般要求采集鼠的数量不少于30只。

2.森林鼠害种类预测方法

鼠害调查要求标准地设置要求科学合理，统一调查时间、统一调查方法、确定调查鼠种及调查内容，连续性地开展调查，对害鼠的发生期、发生量、发生面积、危害程度及发生趋势等进行预测预报，为防治工作的开展奠定坚实的基础。

（1）发生期预测法。

①鼠洞测报方法。一般根据森林害鼠打洞的习性，利用单位面积的鼠洞预报森林害鼠的发生期。

②模型测报方法。根据多年的春季降雪量与春季鼠发生危害时间的调查数据建立一元回归数学

预测模型开展春季发生期预测。

③物候学测报方法。害鼠经过长期的环境适应后，与其危害的环境生物生长发育的某一阶段相适应，或与周围的其他生物的发生密切相关。利用这种生物学方面的适应性可以预测鼠害的发生期。在进行物候观察的同时，不但要注意物候表象与害鼠出现时间的关联，更重要的是能找出害鼠发生期出现以前的物候现象。这对害鼠的发生期预测预报更具有意义。

（2）发生量预测预报。发生量预测预报是林业有害生物测报工作的重点内容，是防治决策的最有力的证据之一。因此，根据历史资料、气象资料和当前调查的数据资料对未来害鼠发生情况进行预测，不仅对掌握害鼠的种群未来一段时间内发生动态是非常重要的，而且对其采取何种防治措施也是至关重要的。一般害鼠发生量预测方法常用的有以下几种：

①经验指数法。我们可以根据所掌握的资料进行归纳总结，将害鼠发生量与食物、气候指标进行关联分析，找出相关的经验公式进行发生量预测。

②数学模型预测法。根据多年的固定标准地春秋两个季节的调查数据，建立一元回归预测模型开展发生量预测。

第二章 森林病害

1. 樟子松疱锈病 *Cronartium flaccidum* (Alb. et Schw.) Wint.

分布与危害： 樟子松疱锈病又叫二针松疱锈病、硬松干锈病，是世界性的危险性病害。分布于世界各地。该病在我国东北许多地区的樟子松、油松、赤松、马尾松、黄山松、云南松等森林中流行，且病情逐年加重。从幼苗到成熟林木均可染病，幼树重于成林。

寄主： 病原菌的性孢子器和锈孢子器阶段寄生在樟子松、油松、赤松、马尾松、黄山松、云南松、思茅松上。夏孢子堆、冬孢子堆和担孢子阶段专化型寄生在芍药科的芍药和赤芍上。

症状： 病害发生在针叶及枝干的皮部。针叶被害后出现褪绿斑，并逐渐变为红褐色。枝干初病时，皮部松软且略显粗肿，性孢子器在树皮下面，9月前后从病皮溢出橘黄色至橘红色的蜜滴，其中含有大量的性孢子。第二年6月中旬为疱囊破裂高峰期，释放出大量的黄色的锈孢子。连年发病则树皮疏导功能减弱，并影响树木的生长，最终导致树木死亡。6月中旬以后在转主寄主芍药叶背面出现黄色的疱状夏孢子堆，后期长出褐色毛状的冬孢子柱，严重时叶片枯萎。

病原： 病原是担子菌亚门冬孢菌纲锈菌目松芍柱锈菌，寄主为樟子松，以性孢子、锈孢子寄生在松树上；其冬孢子寄主为芍药。

图1-1 樟子松疱锈病侧枝被害状　　　　　　图1-2 樟子松疱锈病转主寄主——芍药被害状
（库都尔林业局 张春雷 摄）　　　　　　　　（库都尔林业局 张春雷 摄）

发病规律： 4月下旬至9月，冬孢子成熟后不经过休眠即萌发产生担子和担孢子。担孢子主要借风力传播，接触到松树干、枝伤口后即萌发产生芽管，或从针叶逐步扩展到细枝、侧枝直至主干皮层。

防治历： 5月，松树感病初期，对发病轻的松树的下层枝梢实施人工修枝。发病率在10%以下的要适时进行间伐，发病率在40%以上的幼林要进行小块皆伐改造。大树发病的要修除病枝，并运出林外销毁处理。

化学防治： 在苗木上可用1%波尔多液、代森锌500倍液预防保护；在轻度发生的林分可选用50%托布津、25%的苯醚甲环唑、25%的粉锈宁等500倍液加上松焦油、硫酸铜以及敌锈钠200倍液进行治疗性涂干防治。涂药范围为病斑及其上下10 cm，左右5～6 cm（菌丝集中分布区）的皮层，施药前用钉刷刺破周围皮层或用刀以45度角砍伤病部皮层（有利于药剂充分渗入病斑韧皮部），再用毛刷将药剂涂于病部。连续涂药2～3年。

图1-3 樟子松疱锈病主干被害状
（库都尔林业局 张春雷 摄）

2. 樟子松溃疡病 *Tympanis* sp. *Cenangium* sp. *Phaeomoniella* sp.

分布与危害：主要分布在内蒙古大兴安岭北部林区的莫尔道嘎、金河和阿龙山等林业局。2011年内蒙古大兴安岭莫尔道嘎林业局樟子松天然林出现樟子松溃疡病的面积为9.10万亩，其中，重度0.53万亩，中度0.46万亩，轻度8.11万亩。

寄主：樟子松。

症状：主要危害樟子松的主干、侧枝，从伤口侵入。该病的典型症状是樟子松的侧小枝枯萎死亡，枯死后叶子呈现黄褐色或红褐色，在死亡侧枝的基部均出现梭形溃疡斑，溃疡斑长2～5 cm，宽0.5～2 cm，病斑常与树枝平行。溃疡斑树皮部加厚，有的流脂，有的不流脂。当年新发枝梢没有发病，病害危害主干、侧枝，但大多数为2年以上小枝，发病初期梢上针叶出现灰褐色或红褐色断斑，断斑两端为黄绿色，后期出现叶枯、梢枯和枝枯现象。

病原：经过分离培养，可能是混杂芽孢盘菌、铁锈薄盘菌和暗色单梗孢真菌。

发病规律：4月下旬至9月，病原孢子成熟后借风力传播，接触到松树干、枝伤口皮层后即萌发产生芽管。

图2-1 樟子松溃病病状被害侧枝
（管理局森防站 张军生 摄）

图2-2 樟子松溃疡病被害症状样枝
（管理局森防站 张军生 摄）

图2-3 樟子松溃疡病被害状侧枝
（管理局森防站 张军生 摄）

图2-4 樟子松幼树主干溃疡病被害状幼树
（管理局森防站 张军生 摄）

防治历：4～5月，松树感病初期，对发病轻的松树的下层枝梢实施人工修枝。发病率在10%以下的要适时进行间伐，发病率在40%以上的幼中林要进行小块皆伐改造。大树发病的应修除病枝，运出林外药物熏蒸处理。

5月上旬～6月中下旬，用波尔多液和百菌清进行喷雾或烟剂防治，间隔10天左右防治一次，连续防治2～3次。

图2-5 樟子松发生溃疡病典型症状整株
（管理局森防站 张军生 摄）

图2-6 樟子松溃疡病被害状整株
（管理局森防站 张军生 摄）

图2-7 樟子松溃疡病生态照
（管理局森防站 张军生 摄）

图2-8 专家们正在对樟子松溃疡病会诊把脉
（管理局森防站 张军生 摄）

3. 松瘤锈病 *Cronartium quercuum* (Berk.) Miyabe

分布与危害： 松瘤锈病又叫松栎锈病。广泛分布于欧洲、美洲和亚洲。在我国主要分布在黑龙江、湖北、安徽及云南。该病主要影响树木生长，使材质下降，树冠被破坏，甚至引起树木死亡。

寄主： 病原菌的性孢子器和锈孢子器阶段寄生在樟子松、油松、赤松、兴凯湖松、马尾松、黄山松、云南松、华山松、巴山松等多种松树上。夏孢子堆、冬孢子堆和担孢子阶段专化型寄生在石栎属、栎属、板栗属。

症状： 瘤着生在松树主干或侧枝上，通常为圆形，大小不一，大的直径可达60 cm。瘤表皮层不规则破裂，破裂处当年生出新皮层，第二年再裂开。5月，瘤部产生的锈子器破裂后释放的黄色锈孢子，随风传播并侵染栎树叶。6月，栎树叶上出现黄色小点，即夏孢子堆。8月，在栎叶上生出毛状的褐色冬孢子柱，并再次侵染松树。

病原： 病原是担子菌亚门冬孢菌纲锈菌目松栎柱锈菌，具有长循环型的生活史。以性孢子、锈孢子寄生在松树上，这一阶段出现的病害即所谓的瘤锈病或瘿瘤病。由于年年产生新的性孢子及锈孢子，所以刺激瘿瘤逐年增大。其夏孢子和冬孢子阶段寄生在栎树叶片上。

图3-1 樟子松松瘤锈病典型症状
（管理局森防站 张军生 摄）

发病规律： 4月下旬至9月，冬孢子成熟后不经过休眠即萌发产生担子和担孢子。担孢子主要借风力传播，可达500 m以上的距离，落在樟子松等松树叶上，萌发芽管自气孔侵入，并以菌丝状态越冬。接触到松树干、枝的伤口后即萌发产生芽管，或从针叶逐步扩展到细枝、侧枝直至主干皮层。病害的潜育期为2～3年。当瘤形成后，每年4～5月在皮层下产生性孢子器，6月在性孢子器下层组织处产生锈孢子器。锈孢子随风传播到栎树叶上，在高湿、高温条件的夏季从气孔侵入，并产生夏孢子堆。7～8月产生冬孢子柱，并可反复侵染。危害樟子松的部位为樟子松主干，大的侧枝靠近基部处。主要分布在东部林区的吉文林业局。感病株率为0.8%。

防治历： 4～5月，对樟子松等易发病树种的林分进行详细踏查病情，制定防治方案。

5月上中旬，喷烟雾进行化学防治，可选用50%托布津、25%的苯醚甲环唑、25%的粉锈宁、75%的百菌清等，也可分别利用以上四种农药的500倍液加上松焦油、硫酸铜以及敌锈钠200倍液进行涂干防治。

10月至翌年4月，对发病轻的松树下层枝梢实施人工修剪瘿瘤或伐除病株，并销毁病瘤。4～6月人工造樟子松等二针松时，应与栎树（柞树）直线距离不少于1000 m。

图3-2 樟子松松瘤锈病被害状放大状
（管理局森防站 张军生 摄）

图3-3 松瘤锈病转主寄主蒙古栎被害状
（管理局森防站 张军生 摄）

4. 松针红斑病 *Dothistroma pini* Hulbary

分布及危害： 松针红斑病又称为红带状斑病、樟子松红斑病。分布在美国、加拿大、新西兰等20多个国家。在我国分布在黑龙江、吉林、辽宁和内蒙古等省区。2014～2016年在内蒙古大兴安岭林区大面积暴发，发生面积达到50.5万亩，其中轻度的19.6万亩，中度的14.3万亩，重度的16.6万亩，成灾面积15.2万亩，累计造成苗木死亡率达1300多万株。重点区位是北部林区的莫尔道嘎、根河、阿龙山、满归、北部原始林管护局，中部林区的乌尔旗汉、库都尔、图里河、伊图里河，东部林区的克一河、甘河、

图4-1 松针红斑病在针叶上的症状（樟子松）
（乌尔旗汉林业局 苏桂云 摄）

吉文、阿里河，东南林区的毕拉河，南部林区的阿尔山。

寄主：寄主植物是樟子松、红松、偃松、云杉等，危害部位为针叶。

症状： 病菌在幼苗至大树阶段均能致病。开始时在针叶上出现褪绿点，呈水渍状，后以该点为中心扩散渐变为褐红色，边缘为淡黄色，最后变为红或红褐色带。病斑布满针叶时病叶提前枯黄并脱落。后来，病叶上产生小黑点，为病原菌的子实体，初生时在针叶的表皮下，后突破出来裂开，为黑色的横线。

病原： 病原菌为松穴褥盘孢菌。

发病规律： 松针红斑病是樟子松的重要叶部病害，轻者影响到树木生长，重者使苗木和幼树死亡。主要危害2～3年生的针叶，大发生时也可浸染1年生的针叶。开始时为黄色小点，呈水渍状。后病斑中心渐变褐色，边缘淡黄色，病斑逐渐扩大，渐变为红色或红褐色。在一株树上，首

图4-2 松针红斑病在针叶上的症状（红皮云杉）
（管理局森防站 张军生 摄）

先是树冠下部枝条上的针叶发病，逐渐向树冠上方发展。严重发生的树冠似火烧状。只有当年的新叶保持绿色，病树生长衰弱，直到枯死。该病以病原菌的菌丝和未成熟的分生孢子盘在叶表皮下越冬，第二年5月上旬到6月上旬产生分生孢子，为初次浸染源，并严重发生；分生孢子从气孔、伤口等处侵入后，潜伏2个多月，在7月中旬再次出现新症状，8月上旬为发病盛期，并借助雨水向外传播。以每年的5～8月为发生扩散及危害发病严重时期。

图4-3 樟子松上松针红斑病的症状
（乌尔旗汉林业局 苏桂云 摄）

防治历：年初应根据监测情况制定检疫措施，防止病原菌随运输苗木远距离人为传播。

2～3月，根据预测情况制定防治方案。

3～5月，对苗圃周边樟子松已病落叶全部清理并烧毁。

4～5月，上山造林时应对苗圃开展专项检疫，对出现疫情的苗圃病苗禁止上山造林，同时对病苗进行销毁，避免人工林病害的发生和再次侵染的发生。

5～7月，发病盛期，根据制定的防治方案进行科学防治，对苗圃幼苗全面地采取预防措施，即开展隔离，人工喷洒波尔多液（1∶1∶100或120）进行保护预防，在孢子飞散期喷75%的百菌清600～800倍液进行防治。对林地樟子松及可能感病的松树全部喷洒苯醚甲环唑、百菌清、代森锌或代森铵等化学农药进行治疗性防治，一般防治2～3次为好。

8～9月进行防治效果调查，并进一步划分好发生区和安全区。

图4-4 红皮云杉上松针红斑病的症状
（管理局森防站 张军生 摄）

图4-5 松针红斑病危害状生态照
（乌尔旗汉林业局 苏桂云 摄）

图4-6 松针红斑病危害状生态照
（管理局森防站 张军生 摄）

图4-7 松针红斑病苗圃危害状
（管理局森防站 张军生 摄）

5. 松落针病*Lophodermium pinastri*（Schrad.）Chev.

分布与危害： 世界性常见病，广泛分布于世界各国。我国主要分布在黑龙江、辽宁、河北、陕西、河南、湖北、湖南、福建、江苏、浙江、安徽、江西、广东、广西等省区。危害二针松和五针松。大发生时可造成树木提前落叶，影响树木生长并导致病株衰亡。2015年内蒙古大兴安岭南部林区的阿尔山林业局偃松石塘林发生危害较重，发生面积达2000亩，其中轻度发生的1400亩，中度发生的600万亩，感病指数42。

寄主： 樟子松、偃松、红松、西伯利亚红松等。

症状： 通常危害2年生针叶，在大发生时当年新叶也能被害。初病期叶部褪绿，呈黄色或段斑，渐发展呈褐色斑并形成枯叶，在叶背面形成一列黑色的斑，中央有一裂缝，为子囊果。发病晚期，整株树冠似火烧。

病原： 病原菌为子囊菌门盘菌纲星裂盘菌目落针菌属松针散斑壳菌。

发病规律： 以菌丝或子囊盘地松针上越冬，也有在树上松针上越冬的。该病发生在樟子松、偃松的2年生针叶上，人工林和天然林均能危害。初期产生黄色斑点或段斑，后病斑颜色加深呈淡褐色，至晚秋全叶变黄褐色脱落。第二年春季在凋落的针叶上产生典型的特征症状，每个针叶上形成的9个黑色梭形的分生孢子器，即先在落针上出现纤细的黑色横线，将针叶分割成若干小段，在两横线间产生椭圆形黑色子实体即分生孢子器，长约0.3 mm，以后再形成带光泽漆黑或灰黑色米粒状小点，长约1.5 mm，中央纵裂成一道窄缝，即为病菌成熟的子囊盘。病原菌以子囊盘和菌丝在感病落叶上越冬。5月林间湿度大，子囊孢子借雨水和气流传播。当孢子接触二针松或五针松针叶，萌生芽管从气孔侵入组织内吸取养分。病菌的潜育期较长，一般50天左右。病害的发生发展与寄主生长状况和林间温湿度关系密切。在土地瘠薄、林地干旱、卫生状况差、林木生长衰弱时最易感病。

防治历： 1～4月，未见症状，清除病死株。加强产地检疫和调运检疫，严禁感病苗木出圃。适

图5-1 松落针病的针叶被害状（偃松）
（管理局森防站 张军生 摄）

图5-2 松落针病的子实体照（偃松）
（管理局森防站 张军生 摄）

地适树，营造混交林。苗木出圃必须进行检疫，病苗集中烧毁。

5～6月，发病初期，加强监测预报工作，准确掌握病情动态，同时采取预防措施。

7～8月，发病盛期，清除感病苗木及重病幼树，利用70%托布津1000倍液、10%百菌清800倍液、65%代森锌300倍液树冠喷雾。亦可用多菌灵烟剂，每公顷用药7.5 kg。

图5-3 松落针病整株发病状（偃松） 　　　图5-4 松落针病发生的生态照（偃松）
　（得耳布尔林业局 韩永民 摄） 　　　　 　（管理局森防站 张军生 摄）

6. 落叶松枯梢病*Botryosphaeria laricina*（Sawada）Shang

分布与危害： 分布于黑龙江、吉林、辽宁、山东等省。从幼苗到30年生大树的枝梢均能受害，尤其对6~15年生落叶松危害最重。受害新梢枯萎，树冠变形，甚至枯死。病害严重时影响树木高生长。

寄主： 兴安落叶松、华北落叶松、黄花落叶松、朝鲜落叶松、日本落叶松等。

症状： 初病期茎部褪绿，渐发展呈烟草棕色，凋零变细，顶部弯曲下垂呈钩状。发病晚期，新梢木质化病梢常直立枯死而不弯曲，针叶全部脱落。病梢常溢出松脂，呈块状。如连续几年发病，病树顶部常呈丛枝状。新梢病后十余天，在顶梢残留叶上或弯曲茎部可见有散生的近圆形小黑点，即病原菌的分生孢子器。

病原： 有性阶段为落叶松葡萄座腔菌，无性阶段为大茎点属真菌。

图6-1 落叶松枯梢病的发病症状
（管理局森防站 张军生 摄）

图6-2 落叶松枯梢病整株树发病症状
（管理局森防站 张军生 摄）

发病规律： 在东北地区一般6月下旬或7月初始见发病，7月中下旬症状急剧显现，8月中旬至9月上旬症状最为明显。病菌以菌丝及未成熟的座囊腔，或残存的分生孢子器，在病梢及顶梢残叶上越冬。翌年6月以后，座囊腔成熟产生子囊和子囊孢子。子囊孢子借风传播，侵染带伤新梢，成为当年的主要侵染源。该病孢子飞散期为6~8月，6月下旬至7月中下旬为孢子飞散盛期，此间如遇连雨天，孢子飞散数量迅速增加，出现飞散高峰，几次高峰亦可连续出现，形成高峰期。

防治历： 1~5月，未见症状，清除病死株。加强产地检疫和调运检疫，严禁感病苗木出圃。适地适树，营造混交林。苗木出圃必须进行检疫，病苗集中烧毁。

6月，发病初期，加强监测预报工作。准确掌握病情动态。防治时，可使用70%托布津1000倍液，10%百菌清800倍液，65%代森锌300倍液树冠喷雾，亦可用多菌灵烟剂，每公顷用药7.5 kg。郁闭度大的成片林地可施放烟剂。

7~8月，发病盛期，清除感病苗木及重病幼树。喷施药剂方法同6月初。

图6-3 落叶松枯梢病幼树发病症状　　　　图6-4 落叶松枯梢病危害状生态照
（阿里河林业局 李思 摄）　　　　　　（管理局森防站 张军生 摄）

7. 落叶松癌肿病 *Lachnellula willkommii* (Hartig) Dennis

分布与危害： 落叶松癌肿病又叫落叶松溃疡病，是世界性危险性病害。黑龙江、吉林、辽宁、内蒙古东部均有分布。在内蒙古大兴安岭林区普遍分布，东部林区的克一河林业局、甘河林业局和北部林区的得耳布尔林业局危害较重，2015年发生面积达3.311万亩。其中，轻度发生1.405万亩，中度发生1.280万亩，重度发生0.626万亩，成灾面积0.626万亩。感病株率达到33%以上，树木死亡率达到15%。

寄主： 寄主植物为落叶松的树干、侧枝。

症状： 受侵染患部呈纺锤形凹陷，并向外流脂，周围组织有些粗肿，随病情发展，枝干受害后上部死亡。其症状有以下特点：一是病部下陷变黑；二是病部中心常留有死枝或死芽；三是下陷溃疡部的对侧一定隆起肿大，使病部枝干呈歪棱形；四是凹陷部常有病菌子实体（白色小毛盘），毛盘内部橘黄色。子囊果杯状，肉质，鲜色，有毛。

病原： 该病害属于子囊菌亚门盘菌纲柔膜菌目晶杯菌科小毛盘菌属的韦氏小毛盘菌。

图7-1 落叶松癌肿病子实体症状
（管理局森防站 张军生 摄）

图7-2 落叶松癌肿病侧枝发病症状
（阿里河林业局 李思 摄）

发病规律： 该病在落叶松幼树、大树上均能发生，人工林和天然林均能危害，在落叶松衰弱木的枝干上，枝干受霜冻后减弱了形成层的活力，降低了对病害的抵抗力。病菌以菌丝和未成熟的子囊盘在病皮内越冬，第二年5～6月子囊孢子成熟，借风传播扩散。一年四季均可见到发育的不同阶段的子囊盘。从6月到9月均可散播孢子并侵染。人工林和天然林均可受到感染，但过熟林发病重。天然林老龄病树附近的人工林病情重。树势衰弱的树病情重，水湿地改造林地病害重。除了天然借风力和雨水传播外，还能借助人力通过幼树、小杆及原木的调运进行传播。

防治历： 冬季可清除病死株。春季造林时必须适地适树，改良土壤卫生条件，选育抗病品种，营造混交林。

5～8月，发病期间，加强监测预报工作，准确掌握病情动态，适时开展防治。可以用70%托布津1000倍液，10%百菌清800倍液，65%代森锌300倍液树干喷雾。亦可用百菌清烟剂防治。清除感病侧枝及重病树木，对病皮部采取刮除法后涂抹石油和药剂混剂进行防治。

图7-3 落叶松癌肿病主干被害症状
（绰源林业局 王彦 摄）

图7-4 落叶松癌肿病大树被害状
（得耳布尔林业局 韩永民 摄）

图7-5 落叶松癌肿病病部放大照

8. 落叶松落叶病 *Mycosphaerella larici-leptolepis* Ito et al.

分布与危害：落叶松落叶病又称落叶松早期落叶病或落叶松早落病。主要分布在黑龙江、吉林、辽宁、内蒙古、河北、山东、甘肃、新疆等地。该病是内蒙古大兴安岭林区落叶松重要病害之一，全林区均有分布，重点发生在北部林区的根河、阿龙山、满归、得耳布尔，南部林区的阿尔山、绰尔、绰源，中部林区的库都尔、乌尔旗汉，东部林区的克一河、甘河、阿里河，东南部林区的大杨树、毕拉河。曾于1988年、1998～1999年、2010～2012年在林区大发生，使落叶松提前1个月落叶，造成了巨大的经济损失。2015年该病发生面积约为26.37万亩，其中轻度发生10.33万亩，中度发生8万亩，重度发生8.04万亩。

寄主：兴安落叶松、黄花落叶松、朝鲜落叶松。危害部位为针叶。

症状：发病初期落叶松针叶上出现淡黄色近圆形褪绿小点，后发展为小褐红斑，斑两侧黄色，外侧为正常的绿色，病斑扩大连成一片，针叶呈黄绿相间的段斑，后叶脱落。后期，在脱落的针叶背面隐可见黑色的小点，即病原菌的性孢子器。为害严重时，树冠呈红褐色似火烧，8月中下旬大量落叶。

病原：病原菌为子囊菌亚门腔菌纲座囊菌目座囊菌科球腔菌属的落叶松球腔菌。

图8-1 落叶松落叶病针叶发病初期症状
（管理局森防站 张军生 摄）

图8-2 落叶松落叶病针叶发病典型症状
（管理局森防站 张军生 摄）

发病规律：落叶松落叶病主要发生在落叶松林内，在15～30年生的人工纯林中发病较多，一般每年8月上中旬就开始落叶，9月中旬基本落光，比正常落叶期提早40～50天，且翌年春季比正常放叶晚5～10天。一年发病1次，主要以子囊孢子为浸染源。其病菌是以菌丝团在地面的落叶上越冬的，第二年的5月下旬或6月上旬形成假囊壳，6月中下旬子囊孢子成熟后开始飞散，到7月上旬散放的孢子数量最多，孢子借气流传到新叶上，并在适宜的环境条件下侵染新叶。7月末形成性孢子器，8月随病叶落地越冬。主要传播媒介为风、雨水，该病的发生与气候条件及林分因子有一定的关系。

防治历：4～6月，造林时应改良土壤条件，提倡适地适树，营造混交林。

6～7月，进行病原孢子捕捉调查，制定防治方案。在6月末7月初病原孢子飞散高峰期采取百菌清烟剂防治，每公顷药剂用量为15 kg。

8月下旬～9月，调查防治效果及发生情况，划定下一年度重点防治区。

冬季，适时间伐，改善生态环境。

图8-3 落叶松落叶病针发病后期症状　　　　图8-4 落叶松落叶病整株发病典型症状
　　（管理局森防站 张军生 摄）　　　　　　　（管理局森防站 张军生 摄）

图8-5 落叶松落叶病发病生态照　　　　　图8-6 落叶松落叶病发病生态照
　　（绰尔林业局 郝新东 摄）　　　　　　　（绰尔林业局 郝新东 摄）

9. 落叶松褐锈病 *Trophragmiopsis laricinum* (Chou）Tia

分布与危害： 国内主要分布在黑龙江、辽宁、吉林、内蒙古；国外分布于朝鲜、日本、俄罗斯等地。内蒙古大兴安岭林区分布在阿尔山、绰尔、绰源、乌尔旗汉、库都尔、图里河、克一河、甘河、吉文、阿里河、大杨树、毕拉河等林业局。

寄主： 落叶松。

症状： 发病初期，叶片尖端或近中部出现褪绿小斑，逐渐扩大，到6月下旬至7月上旬在叶背面形成夏孢子堆，直到9月中旬仍可产生。夏孢子堆初寄生于叶表皮下，奶油色或赭黄色，形成圆形小丘状隆起，叶表皮夏孢子堆破裂后露出铁锈色至血红色的粉状物，夏孢子成熟后飞散，最后在夏孢子原基处留下痕迹，这时在叶片上形成段斑。8～9月在叶背面产生3～5个黑褐色凸起于叶表面的小粉堆，即冬孢子堆。随着病害的发展，冬孢子堆数量逐渐增加，此时针叶萎黄，逐渐干枯脱落，使树木生长势减弱，影响落叶松的生长，严重的导致树木死亡。

病原： 担子菌亚门的落叶松拟三胞锈菌引起，该菌为同主寄生菌，在落叶松上能够完成发育循环。

发病规律： 落叶松褐锈病主要发生在苗圃和幼林内。6年生以下的幼龄苗木受害严重，大树受害轻。于9月下旬以落地针叶上的冬孢子越冬，越冬的冬孢子在适宜条件下5小时即可萌发，翌年的6～7月就能发病。一般降雨多、湿度大时发病严重；干旱、湿度小发病较轻；冬季温度低，第二年发病轻；冬季温度高，第二年发病重。常集中连片发生，落叶松褐锈病发生的地块常有落叶松早落病的发生。

图9-1 落叶松褐锈病针叶发病症状

（管理局森防站 张军生 摄）

防治历：4～5月，在苗床上搭塑料大棚，隔离病原菌。

5月下旬～6月，在落叶松感病初期，根据气象预报，可对落叶松开展全面预防，用粉锈宁、苯醚甲环唑等药剂喷雾防治。对1～3年生的苗圃落叶松幼苗，可喷洒1：1：20的波尔多液或300～500 μL/L的敌菌灵乳剂，以防止担孢子侵染。

6～7月，病害盛发期，可利用百菌清烟剂放烟防治；杜绝带病苗木上山造林，禁止从疫区调运苗木和幼树。发现病苗和可疑苗木及时清除深埋或烧毁。

8～9月，对落叶松林分进行染病情况踏查，掌握发病情况，制定下一年度治理计划。

图9-2 落叶松褐锈病整株发病症状
（管理局森防站 张军生 摄）

10. 落叶松腐朽病*Fomitopsis officimalis，Phellinus pini*

分布与危害：国内分布在黑龙江、吉林、辽宁、内蒙古、云南、广西、西藏；国外分布在俄罗斯、欧洲。内蒙古大兴安岭林区全境均有分布。

寄主：兴安落叶松。

症状：落叶松感染层孔菌后干部形成白色中央腐朽或心材块状腐朽，外部特征表现为烂皮凹下且流脂，干上有棱形开口伤，下边流脂状如牛眼无珠，或形成上黑下黄的病菌子实体。

病原：松木层孔菌、落叶松层孔菌等。

图10-1　落叶松腐朽病症状
（得耳布尔林业局 徐向峰 摄）

发病规律：该病是松树的主要腐朽病，5～9月均可发生，发生于立木或倒木上，常见于衰弱木上。7～8月见到大量的子实体，是由于干旱、水淹、火灾、伤口、菌索、断枝等侵入。

图10-2 落叶松腐朽病症状
（得耳布尔林业局 徐向峰 摄）

防治历：冬季11月至翌年4月，通过人工抚育措施进行防治，将病害木经过经营处理并加以利用，首先要求伐除病腐木、虫害木、伤害木，消灭侵染源和病害发源地，以控制和减少落叶松腐朽病的蔓延。

4～6月，对松树纯林进行混交林改造，形成隔带混交、块状混交、团状混交等针阔混交林。

11. 红皮云杉叶锈病 *Chrysomyxa rhododendri* De Bary

分布与危害：分布于黑龙江、吉林、辽宁、云南、四川、河北、山西、山东、台湾、青海等省区。在内蒙古大兴安岭东部林区的克一河、吉文、甘河有分布。该病在东北许多地区的红皮云杉人工林区流行，病情有逐年加重的趋势。病害发生于云杉的针叶。病树因生理机能衰退而死亡。从幼龄幼苗到成熟林分均可感病，以4年生以下的幼苗感病最重。该病在内蒙古大兴安岭林区主要发生于克一河林业局，发生面积500亩，发生程度中度。

寄主：病原菌主要在红皮云杉和杜鹃上。该病菌是一种长周期锈菌，寄主为红皮云杉，转主寄主为兴安杜鹃。

症状：针叶受侵染后，先期出现褪绿斑点，呈黄色，后逐渐变为褐色。一般先在针叶端部发病。一般在当年的新叶上发病，少数植株可整株发病。每年6月可见到外露黄色长柱形的锈孢子器。

病原：病原是担子菌亚门冬孢菌纲锈菌目栅锈菌科金绣菌属杜鹃金锈菌。

图11-1 红皮云杉锈病针叶发病症状　　　　图11-2 红皮云杉叶锈病发病症状
　（管理局森防站 张军生 摄）　　　　　　　（管理局森防站 张军生 摄）

发病规律：6月下旬红皮云杉当年生嫩叶上出现淡黄色的段斑，其上成行排列黄褐色至黑褐色小点，即病原菌的性孢子器，小点顶部有淡黄色蜜滴珠。数日后在性孢子器之间或对面产生橘黄色微隆起椭圆形或长条状的锈孢子器。病叶逐渐变为淡黄色，密生橘黄色锈孢子器。发病严重的林分远望整个树冠呈现一片枯黄色。锈孢子器成熟后，包被膜陆续破裂，飞散出黄色粉状的锈孢子，9～10月份病叶干枯脱落。病原菌以夏孢子阶段的菌丝在常绿灌木兴安杜鹃叶上越冬，病部叶表面呈暗棕红色病斑，第二年春逐渐发育。5月下旬～6月上旬，形成微隆起暗棕红色冬孢子堆。6月中下旬冬孢子成熟，在适宜的湿度条件下，萌发产生担孢子。担孢子随风传播，侵染云杉当年生嫩叶。云杉在6月下旬或7月上旬发病显示症状。7月中旬～8月下旬，锈孢子器陆续成熟破裂，释放锈孢子。锈孢子随风传播，侵染兴安杜鹃。在叶背产生橘黄色夏孢子堆，夏孢子成熟飞散重复侵染杜鹃。秋末，以夏孢子阶段菌丝过冬。

防治历：春季在苗床上搭塑料大棚，隔离病原菌。

5月下旬～6月，在红皮云杉感病初期，根据气象预报，可对红皮云杉开展全面预防，用粉锈宁等药品喷雾防治。对1～3年生的苗圃云杉幼苗，可喷洒1:1:20的波尔多液或300～500 μL/L的敌菌灵乳剂，以防止担孢子侵染。

6～7月，病害盛发期，杜绝带病苗木上山造林，禁止从疫区调运苗木和幼树。发现病苗和可疑苗木及时清除深埋或烧毁。禁止在杜鹃林分内造云杉。

8～9月，对云杉林分进行染病情况踏查，掌握发病情况，制定下一年度治理计划。

图11-3 红皮云杉叶锈病针叶发病症状
（管理局森防站 张军生 摄）

图11-4 红皮云杉叶锈病发病症状
（管理局森防站 张军生 摄）

12. 桦树黑斑病*Marssonina brunnea*

分布与危害： 世界各地均有分布。我国主要分布在黑龙江、吉林、辽宁等地。在内蒙古大兴安岭林区均有分布，主要发生在北部林区的莫尔道嘎、额尔古纳自然保护区、得耳布尔、金河、阿龙山、满归、根河，中部林区的乌尔旗汉、库都尔、图里河、伊图里河，东部林区的克一河、甘河、吉文、阿里河，东南部林区大的杨树、毕拉河、温河和南部林区的绰源、绰尔和阿尔山。2015年发生面积近70万亩，其中轻度发生33.8万亩，中度发生21.8万亩，重度发生14.4万亩；成灾面积8.8万亩。

寄主：白桦、黑桦等桦木属。危害部位为叶子。

症状： 在桦树叶片正面产生针尖大小的小黑点，或形成污褐色斑，最后连成片，病叶完全脱绿，失去功能后提前1~2个月脱落。严重时成片林分焦黄。

病原： 病原菌为半知菌盘二孢。危害叶片。

发病规律： 病原菌可以菌丝、分生孢子或分生孢子盘越冬，第二年夏季雨水充足的时候再侵染，借助风、雨水传播，通过表皮、气孔、伤口侵入叶内，在温湿度适宜条件下发病。特别是公路

图12-1 桦树黑斑病叶子发病症状
（管理局森防站 张军生 摄）

图12-2 桦树黑斑病枝叶发病症状
（阿龙山林业局 朱雪岭 摄）

图12-3 桦树黑斑病树冠发病症状
（管理局森防站 张军生 摄

图12-4 桦树黑斑病整株发病症状
（阿里河林业局 王保利 摄）

两侧、铁路两侧、林缘桦树发病重，林内发病轻；白桦阔叶林海拔低、湿度大的地段发病重。

防治历：4～5月，制定防治方案，与气象部门联合，掌握当地6～7月温湿度情况，做好预测预报工作。

6～7月，适时开展苯醚甲环唑、百菌清等喷雾或烟剂防治。

8月下旬～9月，调查防治效果及发生分布情况，预测下一年度发生趋势。

图12-5 桦树黑斑病危害状生态照
（阿里河林业局 王保利 摄）

13. 桦树灰斑病*Mycosphaerella mandshurica* Miura

分布与危害： 世界各地均有分布。我国主要分布在的黑龙江、吉林、辽宁等地。在内蒙古大兴安岭林区均有分布。

寄主：白桦、黑桦等桦木属。危害部位为叶子。

症状： 主要发生在桦树的叶片上。在叶片上先生出水渍状病斑，病斑的色泽有绿褐色、灰褐色和锈褐色等。后期病斑上生出黑褐色突起的小点，有时连片，这是病菌的分生孢子盘。病斑连片后叶脱落。

病原： 病原菌为东北球腔菌。危害叶片。

发病规律： 病原菌可以菌丝、分生孢子或分生孢子盘越冬，第二年夏季雨水充足的时候再侵染，借助风、雨水传播，通过表皮、气孔、伤口侵入叶内，在温湿度适宜的情况下发病。特别是公路两侧、铁路两侧、林缘桦树发病重，林内发病轻；白桦阔叶林海拔低、湿度大的地段发病重。

防治历： 4～5月，制定防治方案，与气象部门联合，掌握当地6～7月温湿度情况，做好预测预报工作。

6～7月，适时利用苯醚甲环唑、百菌清等喷雾或烟剂开展防治工作。

8月下旬～9月，调查防治效果及发生分布情况，预测下年度发生趋势。

图13-1 桦树灰斑病叶子正面发病症状
（管理局森防站 张军生 摄）

图13-2 桦树灰斑病叶子背面发病症状
（管理局森防站 张军生 摄）

14. 桦树褐腐病 *Piptoporus betulinus* (Bull. ex Fr.)Karst.

分布与危害：国内分布于黑龙江、吉林、辽宁、内蒙古、云南、广西、西藏；国外分布于俄罗斯、欧洲。内蒙古大兴安岭林区分布于全境。

寄主：桦属植物。

症状：子实体一年生，侧生于树干上，初为革质，后致密坚硬，半圆形、马蹄形或是肾形。表面初白色，后变为灰色，无毛，平滑。老时有细龟裂，缘钝，向内卷。孔口鲜时白色，后淡黄色。孢子圆筒形，弯曲，无色，常长在伤口处，子实体易脱落。引起腐朽的病菌还有桦革裥菌、树舌、木蹄层孔菌。

病原：桦滴孔菌[*Piptoporus betulinus* (Bull. ex Fr.)Karst.]，其异名为 *Polyporus betulinus* Fr.。

发病规律：该菌是桦树的主要寄生菌，5～9月均可发生，发生于立木或倒木上，偶然见于衰弱木上。6～7月见到大量的子实体，受害部位由边材向心材发展，后期褐色块状腐朽，常夹杂白色菌丝片。该病菌是一种弱寄生菌，衰弱、有伤口的树木、幼树、嫩枝较易感病。引起的原因是火烧、低温冻害等。

防治历：冬季11月至翌年4月，通过人工抚育措施进行防治，将病害木经过经营处理并加以利用，首先要求伐除病腐木、虫害木、伤害木，消灭侵犯染源和病害发源地，以控制和减少轻褐腐病的蔓延。

4～6月，对桦树纯林进行混交林改造，形成隔带混交、块状混交、团状混交等针阔混交林。

图14-1 桦树褐腐病发病症状
（管理局森防站 张军生 摄）

图14-2 桦树褐腐病子实体
（管理局森防站 张军生 摄）

15. 杨树烂皮病*Cytospora chrysosperma* (Pers.) Fr.

分布与危害： 在黑龙江、吉林、辽宁、内蒙古、河北、河南、山东、山西、陕西、新疆、青海等地发生较为普遍。内蒙古大兴安岭林区主要分布于得耳布尔、绰源、温河等林业局。危害树木主干和枝条，表现出干腐和枯梢两种类型。发病初期病部呈暗褐色水肿状斑，皮层组织腐烂变软；病斑失水后树皮干缩下陷，有时龟裂。被害树木树势衰弱，甚至枯死，常造成大片杨、柳树死亡，是杨、柳树毁灭性病害。

寄主： 杨树、柳树及槭树、樱桃、接骨木、花椒、桑树、木槿等木本植物。

症状： ①干腐型：主要发生于主干、大枝及分权处。发病初期病斑呈暗褐色、水渍状，略为肿胀，皮层组织腐烂变软，手压有水渗出，后失水下陷。有时病部树皮龟裂，甚至变为丝状。病斑有明显的黑褐色边缘，但无固定形状。病斑在粗皮树种上表现不明显。发病后期在病斑上长出许多针头状黑色小突起，即病原菌的分生孢子器。②枯枝型：主要发生在苗木、幼树及大树的枝条上。发病初期病斑呈暗灰色，病部迅速扩展，环绕1周后，上部枝条即枯死。此后，在枯枝上散生许多黑色小点，即为病原菌的分生孢子器。在老树干及伐根上有时也发生杨树烂皮病，但症状不明显，只有当树皮裂缝中出现分生孢子角时才能出现。

病原： 有性阶段为污黑腐皮壳菌；无性阶段为金黄壳囊孢菌。

发病规律： 杨树烂皮病4～9月均可发生，分生孢子角于4月初始现，5月中旬大量出现，雨后或潮湿天气更多，7月后病势逐渐缓和，8～9月又出现发病高峰，9月后停止发展。有性世代在东北地区6月份出现。分生孢子和子囊孢子借风、雨、昆虫等传播，多由伤口或病死组织侵入。病菌生长温度范围为4～35 ℃，平均气温10～15 ℃有利于发病。该病菌是一种弱寄生菌，衰弱、有伤口的树木、幼树、嫩枝较易感病。杨树烂皮病在一年中的春、秋季两次发病高峰中，春季危害较重。发病后期病斑上生出许多针头状黑色小突起，在潮湿情况下可从中挤出橘红色卷须状分生孢子角。

防治历： 1～3月，未显症，清除病死株及感病枝条，集中烧毁。秋末或春初在树干距地面1 m以下涂白、绑草把（或草绳）或在树干基部培土，以防冻害和日灼。涂白剂配方为10份生石灰、2份硫黄粉、1份盐和40份水，也可加入适量杀虫、杀菌剂。

4～5月，发病初期，造林前，

图15-1 杨树烂皮病发病症状
（管理局森防站 张军生 摄）

尽量避免苗木水分流失。适地适树，选用抗性树种，营造混交林。起苗、打包、运输过程中尽量减少创伤。各树种抗性由大到小依次为美洲黑杨、欧美杨、黑杨派与青杨派的杂交种、青杨派品种。药剂喷涂感病树干，20%果复康15倍液、70%甲基托布津50倍液、5波美度石硫合剂、50%多菌灵100倍液或10%碱水等。

5～8月，发病盛期，病斑横向长度大于树干周皮1/2的重病株要及时伐除。对病斑横向长度小于树干周皮1/2的，可以采取刮涂法对病斑进行处理。用小刀或刮刀将病斑刺破，刮去病斑，一直刮到病斑与健康交界处再涂药。涂腐烂敌、腐必清后，再涂50～100 mg/kg赤霉素，以利于伤口的愈合。对发病较轻，病斑小于树干周皮1/3的刮皮后可涂抹10%碱水。

图15-2 杨树烂皮病孢子角
（管理局森防站 张军生 摄）

16. 杨树溃疡病*Botryosphaeria dothidea*（Moug. ex Fr.）Ces .& de Not.

分布与危害：分布于北京、黑龙江、辽宁、天津、内蒙古、山东、山西、河北、河南、安徽、江苏、湖北、湖南、江西、陕西、甘肃、宁夏、贵州和西藏等地区。内蒙古大兴安岭林区全境均有分布。本病为树木枝干部位的重要病害，苗木、大树均危害。严重受害的树木病疤密集连成一片，形成较大病斑，导致养分不能输送，植株逐渐死亡。

寄主：杨树、柳树、刺槐、油桐、核桃、雪松、苹果、杏、梅、海棠等树木。

症状：主要发生在主干和大枝上。在皮孔的边缘形成水泡状溃疡病，初为圆形，极小，不易识别，其后水泡变大，泡内充满褐色黏液，水泡破裂流出褐色液体，遇空气变为黑褐色，病斑周围也呈黑褐色，之后病斑干缩下陷，中央纵裂。

病原：水泡型溃疡病有性阶段为葡萄座腔菌，无性阶段为小穴壳菌。

发病规律：以菌丝、分生孢子、子囊腔在老病疤上越冬，翌年春孢子成熟，靠风或雨传播，多由伤口和皮孔侵入；还可在老伤疤处发病。分生孢子可反复侵染。皮层腐烂变黑，到春季病斑出现黑粒——分生孢子器。后期病斑周围形成隆起愈伤组织，此时中央开裂，形成典型溃疡症状。粗皮杨树发病不呈水泡状，发病处树皮流出赤褐色液体。秋季老病斑出现粗黑点为病菌有性阶段。内蒙古大兴安岭林区一般在4月下旬发病，5月为高峰期，8月再次发生，9月为高峰期。

防治历：1～4月，未显症状时期，清除病死株及感病枝条，集中烧毁。秋末或春初在树干距地面1m以下涂白，或用0.5波美度石硫合剂或1∶1∶160波尔多液喷干。涂白剂配方：10份生石灰、2份硫磺粉、1份盐、40份水，也可以加入适量杀虫、杀菌剂。

4～5月，发病初期，造林前，尽量避免苗木水分流失。适地适树，选用抗性树种，营造混交林。起苗、打包、运输过程中尽量减少创伤。50%多菌灵可湿性粉剂500倍液、75%百菌清可湿性粉剂800倍液、50%福美双加上80%炭疽福美可湿性粉剂1500～2000倍的混合液喷

图16-1 杨树溃疡病主干发病症状
（管理局森防站 张军生 摄）

涂感病树干。发病前喷淋或浇灌，控制病害蔓延。

5～6月，春季发病盛期，发病高峰期前，用1%溃腐灵50～80倍液，涂抹病斑或用注射器直接在病斑处注射，或用70%甲基托布津100倍液、50%多菌灵100倍液、50%退菌特100倍液、20%农抗120水剂10倍液、菌毒清80倍液喷洒主干和大枝。处理要全面，阻止病菌侵入。

7～8月，病势渐趋暖和，加强水肥管理，增强抗性。

8～9月，秋季发病盛期，防治方法同5～6月。

图16-2 杨树溃疡病发病症状
（管理局森防站 张军生 摄）

17. 杨树叶锈病 *Melampsora larici-populina* Kleb.

分布与危害： 杨树叶锈病又称落叶松—杨锈病或青杨锈病。分布于辽宁、吉林、黑龙江、北京、内蒙古、河北、福建和云南等地。内蒙古大兴安岭林区全境均有分布，局部发生危害重。主要危害杨树叶片，从小苗到成年大树都能发病，但以小苗和幼树受害较为严重。感染该病会降低光合作用强度，影响树木生长，严重时可提前1～3个月落叶，是杨树中分布最广、危害最大的一种病害。兴安落叶松和长白落叶松为转主寄主，但发病不严重。

寄主： 病原菌性孢子器和锈孢子器阶段寄主落叶松，夏孢子堆、冬孢子堆阶段寄主青杨。

症状： 在落叶松起初针叶上出现短段状淡绿斑，病斑渐变为淡黄绿色，并有肿起的小疮。叶斑下表面长出黄色粉堆。严重时针叶死亡。在杨树叶片背面初生淡绿小斑点，很快便出现橘黄色小疱，疱破后散出黄粉。秋初于叶正面出现多角形的锈红色斑，有时锈斑连接成片。病害一般是由下部叶片先发病，逐渐向上蔓延。

病原： 病原是松杨珊锈菌，属转主寄生菌。性孢子和锈孢子阶段在落叶松上，夏孢子和冬孢子阶段在杨树上。

发病规律： 病菌以冬孢子在杨林落叶中越冬。翌年4月上旬，冬孢子遇水或潮气萌发，产生担孢子，并随气流传播到落叶松叶上，芽管由气孔侵入。经7～8天潜育后，在叶背面产生黄色锈孢子堆，6月上旬为落叶松发病盛期，叶片病斑相连成片，6月底逐渐干枯。锈孢子由气流传播到转主寄生杨树叶上萌发，由气孔侵入叶内，经7～14天潜育后，在叶正面产生黄绿色斑点，然后在叶背形成黄色夏孢子堆。夏孢子可以反复多次侵染杨树。故7～8月锈病往往非常猖獗，进入第二次发病盛期。到8月中旬以后，杨树病叶上便形成冬孢子堆。幼嫩叶片易发病。

防治历： 早春潜伏期，清除林地病落叶，减少越冬菌源数量。清除操作时避免孢子飞散，否则将达不到预期效果。

4～5月，落叶松发病初期，不宜营造落叶松与杨树的混交林。选择抗病杨树品种。抗锈病发病率由大到小的排列顺序为黑杨派>黑×青>青杨派，青杨派一般表现为高度感病。可用0.5波美度石硫合剂、15%粉锈宁、25%敌锈钠等喷洒树冠预

图17-1 杨树叶锈病叶片发病症状（香杨）
（管理局森防站 张军生 摄）

防。

6月，落叶松发病盛期，用15%粉锈宁600倍液或25%粉锈宁800倍液喷洒树冠。

7～8月，杨树发病期，用15%粉锈宁600倍液或25%粉锈宁800倍液喷雾。

图17-3 杨树叶锈病树冠发病症状
（莫尔道嘎林业局 武彦辉 摄）

图17-2 杨树叶锈病病叶片发病症状（山杨）
（管理局森防站 张军生 摄）

图17-4 杨树叶锈病危害生态照
（管理局森防站 张军生 摄）

18. 杨树灰斑病 *Mycosphaerella mandshurica* M.Miura

分布与危害：杨树灰斑病在叶部为灰斑病，在顶梢为黑脖子病，在茎干皮部产生肿茎溃疡病。分布于河北、山东、辽宁、吉林、黑龙江、陕西、新疆等地。内蒙古大兴安岭林区全境均有分布。该病在东北三省发病率较高，从小苗到大树均可发病，以幼苗、幼树受害严重。发病后叶片提早脱落，嫩梢枯顶。

寄主：杨树。

症状：主要发生在杨树的叶片和嫩梢上。在叶片上先生出水渍状病斑，病斑的色泽因树种而异，有绿褐色、灰褐色和锈褐色等。后期病斑上生出黑绿色突起的小毛点，有时连片，这是病菌的分生孢子盘。幼苗顶梢和幼嫩枝梢感病后死亡变黑，失去支撑力而下垂，致使上部叶片全部死亡，病部风折后形成无顶苗。

病原：有性阶段为东北球腔菌，无性阶段为杨棒盘孢菌。

发病规律：杨树灰斑病一年可发病多次，该病潜育期5～10天，发病后2天即可形成新的分生孢子，这些孢子成熟后可再次侵染。病原菌随落叶在地表越冬，翌年春季，当温湿度适宜时侵染新的叶片和嫩枝梢。某些地区每年可有两次发病高峰，第一次在5月下旬，第二次在7月初，部分地区发病较晚，8月末发病，9月初基本停止。苗圃中1年生苗发病最重，2～3年苗受害中等，老龄杨树亦可发病但危害不大。病害发生与降雨、空气湿度关系密切，空气湿度增大，6～8天后发病率随即增高。一般在北方7月多雨时节大量发病。

防治历：1～4月，未见症状，清除病死株和林地枯枝落叶，集中销毁、铲除病原菌繁育基地。

5～6月，发病初期：①苗圃育苗不宜过密，当叶片过密时打去底叶3～5片，以便通风透光。②选育抗性树种，营造混交林。新疆杨、银白杨不感病；加杨较抗病；黑杨、大青杨次之；小叶杨、小青杨、钻天杨、箭杆杨、中东杨、山杨易感病。每隔10天喷施1∶1∶（125～170）波尔多液1次，预防感病。杀菌剂喷施感病植株叶、梢，可用50%多菌灵可湿性粉剂400倍液、50%托布津可湿性粉剂500倍液或10%百菌清油剂800倍液等。

7～9月，发病盛期，清除感病苗木及重病幼树。喷施药剂方法同5～6月。

图18-1 杨树灰斑病发病症状
（管理局森防站 张军生 摄）

图18-2 杨树灰斑病危害症状
（管理局森防站 张军生 摄）

19. 杨树破腹病

分布与危害：杨树破腹病又名冻癌。分布于河北、北京、天津、内蒙古、山东、辽宁、吉林、黑龙江、河南、新疆等地。主要危害树干，也可危害主枝。该病属非生物性病害，树干受阳光灼伤，早春、晚秋日夜温差大均可导致该病发生。常自树干平滑处及皮孔处开裂，皮层先裂，裂缝可深达木质部。可诱发烂皮病、白腐病、红心病，严重的影响林木生长和木材工艺价值。

寄主：杨树、柳树、槭树、苹果等多种树木。

症状：病害树主干基部或离地面几十厘米以上树皮腐烂，造成沿树干纵裂。受害轻的裂口边缘能够愈合，形成长条裂缝，树木不会死亡；受害严重的从裂缝开始，两边树皮坏死、腐烂，韧皮部变黑，当烂皮环绕树干近1周时，树木生长逐渐衰退直至枯死。

病原：主要是由冻害引起的非生物性病害。

发病规律：晚秋或早春天气骤然变冷、变暖，昼夜温差大时易发病。常发生在树干西南面、南面。秋季土壤水分过多，树木生长过快，木质部含水量高时易发生。在同一林分或同一段行道树，裂缝常发生在同一方位。受害程度还与品种的抗寒性和立地条件有关，一般生长健康的本地树种，受害较轻。新引种的对土壤、气候条件不适应的受害往往较重。

图19-1 杨树破腹病发病症状
（管理局森防站 张军生 摄）

防治历：10月至封冻前，休眠期，在树干1.5～2.0 m高以下涂白或用草包裹，防止温差过大。林地应及时排水，防止积水。加龙杨、哈佛杨、鲁克斯杨不发病，而小黑杨、小山杨中等受害，加杨、沙兰杨、小叶杨受害严重。中涡一号比较抗破腹病，107，108，2025，山哈杨易发病。

4～5月，萌动期，用多菌灵或甲基托布津200倍液涂抹病斑。涂药后5天，再用50～100倍赤霉素涂于病斑周围，可促进产生愈合组织，防止病斑复发。涂药前若用小刀将病变组织划破或刮除病变斑老皮再涂药，可提高防治效果。

营造混交林，相互庇护。选栽适于当地生长的抗寒杨树品种。品种北移时考虑其适生范围和耐寒性。对于杨树来说，不同的品种间对破腹病的抗性差异显著。

20. 柳树锈病*Melampsora arctica* Rostr.

分布与危害：国内分布于辽宁、吉林、黑龙江、北京、内蒙古、河北等地；国外分布在挪威、爱尔兰、加拿大等地。内蒙古大兴安岭分布几遍林区，重点发生地为东部林区的甘河、吉文和阿里河，中部林区的乌尔旗汉和库都尔等林业局。2015年内蒙古大兴安岭林区该病害发生面积7.86万亩，其中轻度发生3.08万亩，中度发生2.96万亩，重度发生1.82万亩。

寄主：柳属的旱柳、紫柳等，主要危害柳树的叶子。

症状：在柳树叶片背面形成一个个锈黄色的病斑。

病原：病原是北极栅锈菌。

发病规律：主要危害柳树叶片，从小苗到成年大树都能发病，但以小苗和幼树受害较为严重，降低光合作用强度，影响生长，严重时可提前1～3个月落叶。病菌寄生在病叶上或芽上。

防治历：早春潜伏期，清除林地病落叶，减少越冬菌源数量。

5～6月，柳树发病初期，用0.5波美度石硫合剂、15%粉锈宁、25%敌锈钠等喷洒树冠。

6～8月，柳树发病盛期，用15%粉锈宁600倍液或25%粉锈宁800倍液喷洒树冠。

图20-1 柳树锈病叶部症状
（管理局森防站 张军生 摄）

图20-2 柳树锈病病发状
（管理局森防站 张军生 摄）

图20-3 柳树锈病危害生态照
（阿里河林业局 黄莹 摄）

21. 柳树溃疡病 *Botryosphaeria ribis*(Tode)Gross et Duss.

分布与危害： 国内分布于西北、华北、东北各地；国外分布在欧洲、美洲和非洲的一些国家。内蒙古大兴安岭林区全境均有分布。可造成树木枯死、风倒、侧枝干枯等，对森林景观影响较显著。

寄主： 多种柳树、杨、梅、海棠、苹果、核桃、油桐、刺槐等树木。

症状： 树干的中下部首先感病，受害部树皮长出水泡状褐色圆斑，用手压会有褐色臭水流出，后病斑呈深褐色凹陷，病部上散生许多小黑点，为病菌的分生孢子器，后病斑周围隆起，形成愈伤组织，中间裂开，呈溃疡症状。老病斑处出现粗黑点，为子座及子囊腔。还可表现为枯梢型，初期枝干先出现红褐色小斑，病斑迅速包围主干，使上部稍头枯死。

病原： 病原菌为子囊菌亚门子囊菌目的茶藨子葡萄座腔菌，无性世代为半知菌亚门球壳孢目的聚生小穴壳菌。

发病规律： 4月下旬气温回升，病菌开始发病，5月中旬至6月上旬为发病盛期，6月中旬～7月初气温升至25℃基本停止发病，8月下旬当气温降低时病害会再次出现，9月份病害又有发展。病菌孢子成活期长达2个月，萌发温度为10～35 ℃。该病可侵染树干和侧枝，但主要危害树干的中部和下部。病菌潜伏于寄主体内，使病部出现溃疡状。病害发生与树木生长密切相关。植株长势弱易感染病害，新造幼林以及干旱瘠薄、水分供应不足的林地容易发病。在起苗、运输、栽植等生产过程中，苗木伤口多易导致病害发生。

防治历： 3～5月，可清除病死株及感病枝条，集中烧毁。秋末或春初在树干距地面1 m以下涂白（涂白剂配方：10份生石灰、2份硫黄粉、1份盐、40份水，也可以加入适量杀虫、杀菌剂），用0.5波美度石硫合剂或1∶1∶160波尔多液喷干。

图21-1 柳树溃疡病症状
（管理局森防站 张军生 摄）

5～6月，发病初期，造林前，尽量避免苗木水分流失。适地适树，选用抗性树种，营造混交林。起苗、打包、运输过程中尽量减少创伤。50%多菌灵可湿性粉剂500倍液、75%百菌清可湿性粉剂800倍液或50%福美双加上80%炭疽福美可湿性粉剂1500～2000倍的混合液喷涂感病树干。发病前喷淋或浇灌，可控制病害蔓延。

6～7月，发病盛期，用1%溃腐灵50～80倍液涂抹病斑或用注射器直接注射在病斑处，或用70%甲基托布津100倍液、50%多菌灵100倍液、50%退菌特100倍液、20%农抗120水剂10倍液、菌毒清80倍液喷洒主干和大枝。处理要全面，阻止病菌侵入。

22. 稠李红斑病*Polystigma ochraceum* (Wall) Sacc.

分布与危害：稠李红斑病又叫稠李红点病。国内分布在辽宁、吉林、黑龙江、内蒙古、河北、陕西、安徽、浙江、四川、云南、贵州、山西、新疆、甘肃等地；国外分布于日本、朝鲜、俄罗斯。内蒙古大兴安岭林区全境均有分布。

寄主：稠李、巴丹杏等。

症状：症状发生在叶片两面。发病初期，叶面上出现红色或红褐色小疹点，以后逐渐扩大，叶正面渐渐隆起，形成较明显的馒头形或类圆形肿斑，软骨质，表面光滑，略有光泽，表面密布多数红色、红褐色小疹点，即病原菌的子座和分生孢子器；叶背面对应部分呈弧形，凹透镜形凹斑。受害严重时，叶片两面布满红褐色病斑，叶片卷曲或早期脱落，影响植物的正常发育。

病原：有性世代为稠李疗座霉。

发病规律：病原菌的子囊孢子在树叶绽放后即侵入叶片，在叶片的表皮层间繁殖菌丝体，并形成子座和分生孢子器，即为当年重复浸染的病菌来源，并于8月下旬形成有性世代，随落地的病叶而越冬，翌年初侵染稠李树。病原菌属强寄生真菌，专门为害稠李等植物。

防治历：早春潜伏期，清除林地内病落叶，减少越冬菌源数量。

6~7月，稠李树发病初期，可用0.5波美度石硫合剂、15%粉锈宁或25%敌锈钠等喷洒树冠；

7~8月，稠李树发病盛期，用15%粉锈宁600倍液或25%粉锈宁800倍液喷洒树冠。

图22-1 稠李红斑病症状
（管理局森防站 张军生 摄）

23. 稠李红疣枝枯病 *Nectria ditissima* Tul.

分布与危害： 全国均有分布；日本、朝鲜、俄罗斯、欧洲、北美洲等地也有发生。内蒙古大兴安岭林区的克一河、甘河、吉文、阿里河等林业局有分布。

寄主: 稠李、山丁子、柞树、榛等阔叶树。

症状： 为害枝，病斑淡褐色，皮层腐烂肿起，干缩后病皮开裂。在病皮上或裂缝中产生朱红色颗粒。病斑环绕枝干后，引起上部枯死。

病原： 鲜红丛赤壳菌 *Nectria ditissima* Tul.，属子囊菌亚门真菌。无性阶段为 *Tubercularia vulgaris Tode*，属半知菌亚门真菌。

发病规律： 病原以子囊壳或分生孢子座在病部越冬，5～7月产生孢子，通过伤口侵入。此菌为弱寄生菌，多寄生在将近死亡的枝干上，或有伤口的弱树、弱枝上，引起枝干枯萎，7～9月在枝上可见鲜红色的圆形疣突。

防治历： 4～9月，可清除感病枝条，集中烧毁。春初或秋末用0.5波美度石硫合剂或1∶1∶160波尔多液喷洒枝干。

6～7月，发病期，可用50%多菌灵可湿性粉剂500倍液、75%百菌清可湿性粉剂800倍液或50%福美双加上80%炭疽福美可湿性粉剂1500～2000倍的混合液喷雾防治。

图23-1 稠李红疣枝枯病症状
（管理局森防站 张军生 摄）

24. 丁香褐斑病*Cercospora macromaculans* Heald et Wolf

分布与危害： 丁香褐斑病又叫丁香花斑病或丁香圆斑病，分布于黑龙江、吉林、辽宁、湖南等省。内蒙古大兴安岭林区绰尔林业局有分布。

寄主： 丁香、杜鹃。

症状： 发病初期叶片上出现小病斑，中央浅褐色，边缘色深，其上散生小霉点。发生严重时，叶片布满病斑，常常几个小块枯斑合成大斑，导致丁香叶片枯黄，提早落叶，影响绿化美化效果。

病原： 尾孢霉菌属的尾孢菌。

发病规律： 以菌丝和分生孢子器在寄主病残体上和土壤中越冬。翌年春季在丁香花期后，分生孢子器产生孢子，在多雨湿润的条件下，借风、雨等传播，可多次侵染。5～6月气温（26℃左右）适宜时发病重。北方地区秋季多雨，土壤湿度大，通风不良和高温多露条件下发病更严重。秋后随着气温下降，病情逐渐减轻直至停止发病。

防治历： 3～4月，与气象部门合作，掌握5～6月的降水量趋势，及时做好预报工作。

5～6月，在病原孢子飞散高峰前期做好预防工作，可用波尔多液（1：1：100）进行喷雾防治，或按说明书要求用多菌灵、百菌清等喷雾防治。

6～7月，发病时可人工摘除病叶进行销毁。

图24-1 丁香褐斑病症状
（绰尔林业局 孙金海 摄）

图24-2 丁香褐斑病危害状
（管理局森防站 张军生 摄）

第三章 森林虫害

25. 柳沫蝉 *Aphrophora intermedia* Uhler

分布与危害： 柳沫蝉又叫柳尖胸沫蝉，属于半翅目同翅亚目沫蝉科尖胸沫蝉属。国内分布于新疆、黑龙江、吉林、河北、内蒙古、青海、甘肃、陕西等地；国外分布于朝鲜、日本、俄罗斯、欧洲。内蒙古大兴安岭林区均有分布，每年灾害发生范围在4万亩左右。

寄主： 柳属植物。

主要形态特征： 成虫体长10 mm左右，黄褐色，被黑色小点和细毛。头顶呈倒"V"形，靠近后缘复眼与间眼间各有1黄斑，中隆脊突出。前翅革质黄褐色。卵长披针形弯曲，初产为淡黄色后变深黄色；若虫5龄，头胸黑褐色，复眼暗红，腹部淡黄色。

生物学特性： 该虫是一种常发性害虫，对柳树的危害除了刺破树皮外，还能传播病菌，引起树木煤污病、白粉病和病毒病等病害，造成树木枝条枯死甚至整株死亡。该虫一年发生1代，以卵在当年生新梢内越冬，翌年4月中旬以后越冬卵开始孵化成若虫，在新梢基部吸食危害，同时腹部不断排出泡沫，将虫体包被在泡沫中，被害枝条不断有水滴下落，并沿枝条流淌。6月下旬，若虫开始羽化为成虫，并离开泡沫，在一、二年生枝条上继续取食危害，到7月末8月初，成虫开始交配，之后在当年生枝条内部产卵，凡产卵处上端枝条全部萎蔫干枯。

图25-1 柳沫蝉卵
（乌尔旗汉林业局 苏桂云 摄）

图25-2 柳沫蝉若虫
（绰源林业局 雷英 摄）

防治历： 4月，根据上年度调查预测情况编制具体防治方案，秋末或初春时期应剪除卵枝烧毁。

5月，进一步做好卵孵化情况调查，准确预测各虫态的发生期。

6月中旬，在若虫危害期喷洒内吸兼触杀性药剂可起到较好的防治作用。

图25-3 柳沫蝉若虫吐沫状
（乌尔旗汉林业局 刘丽 摄）

图25-4 柳沫蝉成虫
（乌尔旗汉林业局 苏桂云 摄）

图25-5 柳沫蝉危害状
（管理局森防站 张军生 摄）

26. 松沫蝉 *Aphrophora flavipes* Uhler

分布与危害： 国内分布于辽宁、河北、山东等地。内蒙古大兴安岭林区分布于乌尔旗汉、图里河、克一河、甘河、吉文、阿里河、大杨树、毕拉河等。主要危害兴安落叶松等。以若虫吸食为害嫩枝梢，轻者影响新植的正常生长和发育，重者嫩梢弯曲或下垂，甚至枯萎。

主要形态特征： 成虫体长9～10 mm，头宽2～3 mm。头部前方突出，中央部分黑褐色。复眼黑褐色。单眼2个，红色。前胸背面淡褐色，前缘的中央为黑褐色，中线隆起。小盾片近三角形，黄褐色，中部较暗。翅灰褐色，翅基部和中部的宽横带及外方的斑纹为茶褐色。后足腿节外侧有2个明显的棘刺。卵长约1.9 mm，宽约0.6 mm，长茄形或弯披针状。初产时乳白色，后变为淡褐色，在尖端有一纵的黑色斑纹。若虫末龄全体黑褐色或黄褐色，复眼赤褐色。触角刚毛状，位于复眼的前方。胸部背面有翅芽。在头胸部背面的中央有1条黄褐色线纹。腹部9节，末端较尖。

生物学特性： 1年发生1代，以卵越冬。翌年4月下旬开始孵化，5月上旬为孵化盛期。6月下旬成虫羽化，7月上旬为羽化盛期。成虫8～9月交尾、产卵，10月以后陆续越冬。卵产于当年生的松针叶鞘内，一般2～3粒在一起，单粒者较少。孵化多集中在每天6：00～8：00，孵化率70%～85%。若虫孵出后喜群居，经常3～5头在一起，多者达30多头。若虫危害松树嫩梢基部组织，吸食树液时尾部不断摆动，由腹部排出白色泡沫，以掩护虫体，故俗名"吹泡虫"。若虫脱皮4次，共5龄。若虫期60～70天。若虫老熟后，爬至针叶上部静止不动，准备羽化。初羽化的成虫全体白色，2～3小时后变为淡褐色。羽化时间多集中在清晨，以4:00～6:00最多，约占总数的80%。成

图26-1 松沫蝉若虫
（管理局森防站 张军生 摄）

图26-2 松沫蝉若虫
（管理局森防站 张军生 摄）

图26-3 松沫蝉危害状
（管理局森防站 张军生 摄）

虫羽化后需进行较长时间的补充营养，吸食嫩梢基部树液，分散危害，不再排出泡沫，对树的危害也比若虫轻。成虫多栖息于小枝上，受惊扰时即行弹跳或作短距离的飞翔。8月中旬开始交尾、产卵。每雌产卵量最多66粒，最少28粒。此虫的发生与树种、树龄、郁闭度及树势有关。此虫最喜危害10年生左右的松树，特别是人工纯林。幼苗和10年生以上的大树也可遭受其危害，但受害程度较轻。在郁闭度为0.6的林分内，被害株率为60.63%；郁闭度为0.3的林分内被害株率为76.32%。郁闭度大，温度较低，湿度较大的林分，不利其发生；相反，郁闭度小，温度高，湿度小，枝梢汁液浓度大，含营养物质多，则有利于其生长、发育和繁殖。在同一林分中，一般生长健壮的树上虫口密度大，有虫株率达90%以上；生长衰弱或遭受其他病虫害的树上虫口密度显著较少，有虫株率仅为26%。

防治历：1～4月和10～12月，剪除着卵枯梢烧毁。

5月，进一步做好卵孵化情况调查，准确预测各虫态的发生期；在若虫群集危害时期用1.2%的烟参碱1000倍液或1%的阿维菌素2000倍液喷雾防治。

27. 大青叶蝉 *Cicadella viridis* (Linnaeus)

分布与危害： 大青叶蝉又名大绿浮尘子、青叶蝉、大绿叶蝉等。国内分布除西藏不详外，其他各省区均有发生，以甘肃、宁夏、内蒙古、新疆、河南、河北、山西、江苏等地发生量较大，危害较严重。内蒙古大兴安岭林区全境均有分布。成虫和若虫群集于幼嫩枝叶，吸取汁液，影响树木生长，削弱树势。成虫在树枝、干表皮下产卵，常使树木表皮剥离，枝梢枯死，对苗木和幼树危害很大。

寄主： 主要危害杨、柳、刺槐、榆、桑、枣、竹、臭椿、核桃、圆柏、梧桐、构树、扁柏、沙枣、桃、李、苹果、梨等39科66属的木本和草本植物。

主要形态特征： 成虫雄体较雌略小，青绿色。头部前视三角形，黄褐色，左右各具1个小黑斑，单眼2个，红色，单眼间有2个多角形黑斑。前翅革质，绿色微带青蓝，端部色淡近半透明；前翅反面、后翅和腹背均黑色，腹部两侧和腹面橙黄色。足黄白至橙黄色。若虫与成虫相似，共5龄，初龄灰白色；2龄淡灰微带黄绿色；3龄灰黄绿色，胸腹背面有4条褐色纵纹，出现翅芽；4～5龄颜色斑纹同3龄。

生物学特性： 在北方一年3代，以卵在枝条表皮内越冬，翌年4月间孵化。初孵若虫常十多只或数十只群集在一片叶背上。随后逐渐移到低矮作物如玉米、蔬菜、杂草上危害。第一代成虫发生于5月下旬，7～8月为第二代成虫发生期，9～11月出现第三代成虫。世代重叠。9月中旬雌成虫陆续迁回林木上产卵，10月下旬为产卵盛期，并以卵越冬。产卵时以产卵器刺破表面，呈一"月牙"形伤口，每处产卵10粒左右，每雌产卵50多粒。成虫、若虫均善跳跃，成虫有强趋光性。

防治历： 1～3月，11～12月，针对越冬卵，清除杂草，剪除有产卵痕的枝条。越冬卵量较大，用木棍挤压卵痕，集中销毁。

4月，造林苗木栽植后树干上涂白。使用健康苗木造林，造林后搞好抚育除草。用生石灰10份，硫黄粉1份，食盐0.2份，调成涂白剂。

5月，针对第一代若虫、成虫，可用1.2%苦参碱、烟碱乳油1000倍液、2.5%的溴氰菊酯可湿性粉剂2000倍喷雾防治。针对若虫喷粉效果更佳。灯光诱杀成虫，每公顷放置一盏灯。

6～9月，夏季卵盛期，除草灭卵。8月下旬清除林地、果园里的杂草，可减少迁入的成虫数量。

7月，若虫和成虫期，用捕虫网采集若虫和成虫，直接烧毁。也可用50%叶蝉散（扑灭威）可湿性粉剂1000倍液、20%氰戊菊酯乳油2000倍液或25%噻嗪酮可湿性粉剂1500～2000倍液等喷雾防治。每隔10天左右喷一遍药。

10月，人工刮除刻槽中越冬虫卵进行灭杀。

对调出调入的苗木必须严格进行检疫。注意保护和利用绒螨、华姬猎蝽、蜘蛛、寄生蜂等各类天敌。

图27-1 大青叶蝉若虫
（管理局森防站 张军生 摄）

图27-2 大青叶蝉成虫

图27-3 大青叶蝉危害状
（管理局森防站 张军生 摄）

28. 中国沙棘木虱*Hippophaetrioza chinesis* Li et Yang

分布与危害：国内分布在辽宁、宁夏等地；国外分布在俄罗斯。内蒙古大兴安岭林区分布在库都尔林业局。为外来物种。该虫是一种危害沙棘叶的重大有害生物，沙棘木虱卵越冬后，5月下旬孵化为若虫，危害沙棘芽孢，稍后转移到叶表吸吮汁液，致使沙棘叶面扭曲、发黄和早落，严重影响树木生长。多危害10年生左右的沙棘中龄林。内蒙古大兴安岭林区1998年开始种植沙棘经济林，2006年在全林区全面推广，该虫2012年在库都尔林业局首次被发现并大面积发生危害，普查期间发生面积1.162万亩，其中轻度危害1.005万亩，中度危害0.157万亩。

寄主：沙棘。

主要形态特征：成虫体长约3 mm，初为浅绿色，后为浅棕色。若虫共5龄，1龄为橙黄色，2～3龄为浅黄色，4龄体色灰青色，并长有未发育完全的

图28-1

翅。腹有小纹，背覆斑点，复眼红色，5龄老熟若虫深棕色。卵初为白色，后为草黄色（5～12枚一组）。

生物学特性：若虫于5月下旬孵化，若虫体扁平，此时翅尚未发育健全，若虫共5龄。6月末至7月初，翅长全变成虫，7月下旬成虫交尾产卵，沙棘木虱以卵越冬。卵于5月下旬孵化，开始先在松软的沙棘芽孢内取食，随着沙棘的萌动放叶，其若虫又转移到叶子背面为害，吮吸叶汁。发生严重时若虫密集，致使沙棘叶面扭曲、发黄和早落，影响树木生长。沙棘木虱的食性专一，寄主为多种沙棘。沙棘木虱的卵具有较强

图28-2

的耐寒性，在叶背面于枯枝落叶层下或在枝杈、枝干凹陷处越冬，可在-40℃的低温下存活。成虫对被害寄主林地有选择的习性，尤其喜欢危害10年生左右的沙棘纯林。因此，林内和林缘危害区别不明显。成虫对紫外线强烈的黑光灯发出的灯光比较敏感，尤其在晴天，气温适宜的夜晚21:00至24:00成虫上灯量明显。因此在该段时间诱虫效果好。当寄主植物受到危害或由于自然环境条件变化的原因，沙棘木虱就会为了正常的生长或为更充足的食物需要，若虫就会根据森林郁闭度、环境因素等转移取食危害，喜取食嫩绿的枝叶。

防治历：5~6月，利用阿维菌素、烟参烟、甲维盐等喷雾防治若虫，每隔10~15天防治1次，共防治2~3次。

5月下旬，人工摘除虫叶烧毁防治。

7月上旬，利用苦参碱烟剂防治成虫，每千克烟剂可防治1.5~2亩。

29. 温室白粉虱 *Tridleurjodes vaporariorum* Westwood

分布与危害：全世界均有分布，我国为广布种。内蒙古大兴安岭林区辖区均有分布，2016年在阿尔山林业局温室花卉上采集到。

寄主：蔬菜、花卉、经济作物等200多种。

主要形态特征：体长1 mm左右，黄白色，体及翅覆被白色蜡粉，雌翅平覆体背，雄翅呈屋脊状。卵椭圆形，长约0.2 mm，浅黄绿色；若虫共3龄，蛹黄褐色，体背有5~8对蜡丝。

生物学特性：一年发生10代左右，以各种虫态越冬，第二年在各种蔬菜、花卉、作物上危害，危害期9~10个月。成虫具有趋黄色性，并有在嫩叶背面产卵的习性。若虫和伪蛹有固定在老叶背面的习性。成虫和若虫均可吸食植物汁液，使叶片褪绿，可引起煤污病或病毒病害。

防治历：3~10月，用50%叶蝉散（扑灭威）可湿性粉剂1000倍液、20%氰戊菊酯乳油2000倍液或1.2%烟参碱乳油1000~1500倍液喷雾防治，每隔10~15天喷一次。人工修剪有虫叶片后集中烧毁。

图29-3 温室白粉虱成虫、卵及危害状
（额尔古纳自然保护区管理局 王文生 摄）

30. 松大蚜 *Cinara laricis* (Hartig)

分布与危害： 松大蚜又叫落叶松长足大蚜，该虫属于半翅目同翅亚目大蚜科长足大蚜属。国内分布于辽宁、内蒙古、黑龙江、吉林、北京、河北、四川、陕西、甘肃、新疆、西藏等地；国外分布于日本、朝鲜、俄罗斯、蒙古、欧洲及北美洲。内蒙古大兴安岭林区均有分布，重点发生在东部林区的克一河，2015年轻度发生面积为500亩。

寄主： 落叶松属、樟子松和云杉，危害部位为枝梢。

主要形态特征： 无翅孤雌蚜体长约3.25 mm，卵圆形，棕褐色，体表被毛；触角6节，第五和六节上各有1个原生感觉圈。喙长大，端部达后足基节，分节明显。气门圆形，气门片大，黑色。腹部背面有瓦纹，节间斑明显，黑褐色。后足长，粗壮。腹管位于多毛的圆锥体上。尾片半圆形，稍尖。卵黑色，长椭圆形。若蚜与无翅蚜相似，呈淡棕色，后变为黑褐色。

图30-1　松大蚜无翅蚜
（管理局森防站 张军生 摄）

图30-2　松大蚜无翅蚜
（管理局森防站 张军生 摄）

生物学特性： 一年发生多代，以卵在松针上越冬，5月上旬孵化，若虫开始活动，此时树叶已经开始萌动抽绿，所以在春夏季可以观察到成虫和各龄期的若虫。6月中旬出现有翅侨蚜后可以进行扩散，9月中旬，出现性蚜（有翅雄、雌成虫），交配后，雌虫产卵。卵初为灰绿色后变为黑色，比米粒还小，常8～9粒整齐地排在松针上越冬。该虫为害特点是以成虫、若虫刺吸干、枝汁液。严重发生时，松针尖端发红发干，针叶上也有黄红色斑，枯针、落针明显。盛夏，在松大

图30-3　松大蚜若蚜
（得耳布尔林业局 徐向峰 摄）

蚜的为害下，松针上蜜露明显，松树可得煤污病，影响松树生长。

防治历： 3～5月和9～10月，可摘除有虫枝或在树干上绑塑料碗收集虫卵并销毁。

5～9月，可施放苦参碱烟剂防治，每公顷施用量为5 kg。

夏季注意保护其天敌，包括各种瓢虫和寄生蜂。

图30-4 松大蚜危害状
（管理局森防站 张军生 摄）

图30-5 松大蚜物理采集法
（管理局森防站 张军生 摄）

31. 落叶松球蚜*Adelges laricis laricis* Vall.

分布与危害：分布于陕西、青海、内蒙古、黑龙江、吉林、辽宁、山东、新疆等地。该虫危害两类寄主树种，第一寄主为云杉，在枝梢端部取食并产生大量的虫瘿危害；第二寄主为落叶松，以侨蚜刺吸落叶松针叶及嫩枝，并产生大量白色丝状分泌物，造成枝条霉污而干枯，严重影响树木生长。

寄主：云杉、落叶松。

主要形态特征：干母，卵橘红色，外被白色絮状分泌物。越冬若虫棕黑至黑色。体表被有蜡孔分泌出的小玻璃棒状短而竖起的6列整齐的分泌物。蜡孔群中央为一大而略隆起的套环状圆形蜡孔，在它的周围略倾斜分布着小的双边的蜡孔，一般为6个。触角3节，第三节特别长，约占整个触角长度的3/4。瘿蚜，为干母所产的孤雌卵发育而成。孵化前暗褐色。若虫1龄时体表没有分泌物，从2龄起，体表出现白色粉状蜡质分泌物。4龄若虫紫褐色。伪干母，孵化前完全没有分泌物，骨化程度特别强。性母，具翅，常见于落叶松新叶的背面。卵表面被1层粉状蜡层，一端具丝状物，彼此相连。若虫初孵至2龄，体表无分泌物，3龄呈棕褐色，有光泽，4龄体色更淡，胸部两侧具有明显的翅芽，背面有6纵列疣。侨蚜，由伪干母的卵发育而成，无翅。初孵幼虫体暗褐色。自2龄起，体表出现白色分泌物，3龄后，体完全被分泌物盖住。成虫外观呈一绿豆大小的"棉花团"。性蚜，卵黄绿色。雌虫橘红色，雄虫色泽暗，触角和足较长。

生物学特性：该虫是一种多态型球蚜，包括干母、伪干母、瘿蚜、侨蚜和性母等主要虫型。它完成全部生活史需经2年。在第一寄主上以干母若虫在云杉冬芽上越冬，在第二寄主落叶松上以伪干母若虫在冬芽腋和枝条皮缝中越冬。在云杉芽苞周围固定的越冬干母若虫，翌年3月下旬开始吸食云杉树液，5月上旬出现干母成虫，虫体被有蜡丝，在身体周围产卵，产卵位置在冬芽腋处，中旬开始孵化，5月下旬为孵化盛期。若虫爬行至云杉侧枝芽针叶基部危害，受干母刺激后的侧枝膨大形成虫瘿，至6月下旬虫瘿开始开裂。具翅芽的若蚜爬出瘿室，在周围的针叶和小枝上蜕皮羽化形成有翅瘿蚜，迁飞至落叶松在针叶上营孤雌产卵，瘿蚜所产卵于7月中旬开始孵化为伪干母若蚜，初孵若蚜不具分泌物，寄生在新梢皮缝中，至7月下旬便开始停育，处于越夏越冬状态。翌年3月中旬，越冬伪干母若蚜开始活动，经3次蜕皮至4月上旬出现伪干母成虫，同期进行孤雌产卵，4月下旬开始孵化，5月上旬为孵化盛期。在伪干母所产卵的堆中，孵化出的一部分若蚜于5月中旬羽化成具翅的性母成虫，于5月下旬至6月上旬迁回至云杉上。每年可发生5代。

防治历：1～3月，9～12月，防治越冬干母、若虫、越冬伪干母若虫，造林时注意树种的合理搭配，避免云杉和落叶松混交和同地、同圃育苗。结合幼林抚育及时清除林内杂草，保持林内卫生。

3月下旬～4月上旬，在落叶松上用2.5%溴氰菊酯、5%氯氰菊酯2000倍液喷施杀卵。

5月中旬～6月上旬，在第一代侨蚜和第二代侨蚜孵化盛期可喷洒1%苦参碱可溶性液剂1000倍液。郁闭度较大的林分，可以喷施敌敌畏插管烟剂。喷施烟剂宜在早晚形成逆温层时进行，要注意防火安全。

6月下旬～7月上旬，人工剪除云杉上的虫瘿，集中烧毁。在瘿蚜迁飞期内喷洒10%吡虫啉可湿性粉剂2000倍液，抓住云杉侧枝受干母刺激膨大形成虫瘿的有利时机，在瘿蚜迁飞至落叶松之前进行。

在防治作业时应高度重视对瓢虫、食蚜蝇等天敌的保护。

图31-1 落叶松球蚜在落叶松针叶上危害
（额尔古纳自然保护区管护局 高元平 摄）

图31-2 落叶松球蚜在红皮云杉上危害
（阿里河林业局 张喆 摄）

图31-3 落叶松球蚜危害生态照
（阿里河林业局 时蕊 摄）

图31-4 落叶松针叶被害状
（管理局森防站 张军生 摄）

32. 棉蚜 *Aphis gossypii* Glover

分布与危害：该虫属于半翅目胸喙亚目蚜科蚜属，世界广布种。在内蒙古大兴安岭林区主要分布在南部林区的阿尔山林业局。

寄主：草莓属、蔷薇科等植物。危害部位为叶部。

主要形态特征：无翅孤雌蚜体长1.5～1.9 mm，夏季体色黄色、黄绿色，春秋季深绿色或蓝黑色。前胸背板黑色，腹部两侧有3～4对黑斑。卵椭圆形，初产时为黄色，后为黑色。

生物学特性：一年20代左右，以卵越冬。春季在越冬寄主上孤雌生殖4～5代，5月中旬产生有翅蚜飞到夏季寄生的寄主植物上危害，秋后再生出有翅蚜经交尾产卵于越冬植物上越冬。

防治历：5～6月，用10%吡虫啉可湿性粉剂2000倍液或1%苦参碱可溶性液剂1000倍液进行喷雾防治。隔10～15天再防治一次，可有效降低虫口密度。

注意保护捕食性天敌，如瓢虫、草蛉、食蚜蝇等。

图32-1 棉蚜
（管理局森防站 张军生 摄）

图32-2 棉蚜危害状
（管理局森防站 张军生 摄）

33. 稠李缢管蚜*Rhopalosiphum padi* (Linnaeus)

分布与危害： 稠李缢管蚜又称禾谷缢管蚜。国内主要分布在内蒙古、辽宁、吉林等地；国外分布在朝鲜、日本、俄罗斯、蒙古、约旦、埃及、新西兰、美国、加拿大、欧洲。内蒙古大兴安岭林区辖区内均有分布。

寄主: 稠李、杏、桃、榆叶梅、山丁子及杂草。

主要形态特征： 无翅孤雌蚜体宽卵形，长约2 mm，橄榄绿色至黑绿色，杂黄绿色纹，常被白粉。腹管基部常锈褐色或淡褐色；触角黑色，基部色浅；喙端部、胫节端部及跗节灰黑色，其余色淡。体表布毛。有翅孤雌蚜头胸部黑色，腹部绿色至深绿色，腹管黑色。卵椭圆形，初产为黄色，后变为黑色。

生物学特性： 一年发生十多代，以卵越冬。5月下旬以后在稠李树叶上活动危害。危害后稠叶反卷，并且显现赤红色。8月后期产卵于草类根茎部越冬。

防治历： 5月末～6月，用10%吡虫啉可湿性粉剂2000倍液或1%苦参碱可溶性液剂1000倍液进行喷雾防治。人工摘除被害叶片集中销毁。

图33-1 稠李缢管蚜若蚜
（管理局森防站 张军生 摄）

图33-2 稠李缢管蚜有翅蚜
（管理局森防站 张军生 摄）

图33-3 稠李缢管蚜枝危害状
（管理局森防站 张军生 摄）

图33-4 稠李缢管蚜叶危害状
（管理局森防站 张军生 摄）

34. 桦绵斑蚜 *Euceraphis punctipennis* (Zetterstedt)

分布与危害：桦绵斑蚜又叫桦树蚜。国内分布于内蒙古、辽宁、吉林、黑龙江、北京、河北、甘肃、青海、台湾等省区；国外分布在俄罗斯、蒙古、日本、澳大利亚、美国、加拿大、欧洲。内蒙古大兴安岭林区辖区均有分布。

寄主：白桦及桦木属植物。

主要形态特征：有翅孤雌蚜体呈纺锤形，体长约3.5 mm，黄绿色，被白粉。腹部向后缩窄，触角6节，黑褐色，第3节有14～19个次生感觉圈。喙端部呈矛尖状，足胫节端及跗节黑色。翅脉终点为黑色斑，腹管短筒状。

生物学特性：以卵在叶片或芽梢处越冬，一年10多代，5月下旬当桦树展叶以后在树枝、叶片上活动危害。9月上中旬有翅雄蚜与无翅雌蚜交尾产卵。

防治历：6月，进行监测调查；6月中旬，可用10%吡虫啉可湿性粉剂2000倍液或1%苦参碱可溶性液剂1000倍液进行喷雾防治，或采用苦参碱烟剂进行防治，用药量为每公顷5 kg左右。

图34-1　桦绵斑蚜有翅蚜
（管理局森防站 张军生 摄）

图34-2　桦绵斑蚜若蚜
（管理局森防站 张军生 摄）

图34-3　桦绵斑蚜危害状
（乌尔旗汉林业局 苏桂云 摄）

图34-4　桦绵斑蚜群集危害状
（乌尔旗汉林业局 张武全 摄）

35. 秋四脉绵蚜 *Tetraneura akinire* Sasaki

分布与危害：秋四脉绵蚜又叫榆瘿蚜，常与榆四脉绵蚜混合发生。国内分布于内蒙古、辽宁、吉林、黑龙江、北京、天津、河北、山东、湖北、江苏、上海、浙江、新疆、云南、台湾等省区；国外分布在朝鲜、日本、欧洲。内蒙古大兴安岭林区辖区均有分布。

寄主：榆树、农作物及禾本科植物。

主要形态特征：有翅孤雌蚜体呈纺锤形，体长约2 mm，头胸黑色，腹部绿色，触角6节，黑褐色，第3～5节有环形次生感觉圈。喙短粗呈长矛状，端节约为基宽的1.5倍。翅脉镶浅黑边，后翅具1条斜脉，无腹管。卵土黄色。干母体黑色，无翅孤雌蚜全卵圆形，淡黄色，被薄蜡粉。虫瘿长于叶正面，椭圆形，基部有柄，先呈绿色后变为红色。

生物学特性：以卵在榆树缝隙中或禾草根部处越冬，一年发生10多代，5月中旬卵孵化，在榆树幼叶下面危害，被害部位先出现一个小红点，叶正面出现凸起，逐渐形成一个有柄的虫瘿。6月上中旬虫瘿开裂，有翅雌蚜向农作物及禾草迁飞危害。9月上中旬有翅雄蚜返回到树上，生出无翅雄蚜和雌蚜交尾后产卵于枝杈处、树缝隙中越冬。

防治历：5月，可在卵孵化为若虫前喷洒25%的噻虫啉2000倍液进行预防，当若虫爬行活动时触杀。

6月上旬，可人工摘除虫瘿集中销毁。

图35-1 秋四脉绵蚜虫瘿
（管理局森防站 张军生 摄）

图35-2 秋四脉绵蚜危害状
（管理局森防站 张军生 摄）

36. 柳瘤大蚜 *Tuberolachnus salignus* Gmelin

分布与危害： 国内分布于内蒙古、辽宁、吉林、黑龙江、北京、宁夏、山东、河南、江苏、浙江、福建、云南、台湾等省区；国外分布在朝鲜、日本、印度、巴基斯坦、英国、加拿大、美国。内蒙古大兴安岭林区分布在阿里河、大杨树、毕拉河、吉文、甘河、克一河等地。2015年该虫密度较高，近些年有上升趋势，应注意加强监测和预防工作。

寄主： 柳树。

主要形态特征： 体长约4.5 mm，卵圆形，体深褐色，与干枝的树皮相仿。体表密被细毛。复眼黑色，触角黑色，6节，短，有长毛，第3节有10多个次生感觉圈，无翅蚜仅有2个。喙达腹部。足暗红色，密生毛，后足特长。腹部膨大，第5节背面中央有锥形突起瘤。腹管扁平圆锥状，尾片半月形。翅中脉2分叉。

图36-1 柳瘤大蚜有翅蚜
（管理局森防站 张军生 摄）

图36-2 柳瘤大蚜无翅蚜
（管理局森防站 张军生 摄）

生物学特性： 以成虫在柳树干下部树皮缝隙内越冬，在枝条或树干皮部为害，常密布枝条表面。一年发生十多代，5月沿树干向上移动，并在找到合适的位置后大量繁殖。6月数量达到量大值，7～8月数量较少，9月数量又增加。由于分泌蜜露，能引起煤污病，使柳枝呈黑色，可引诱大量蚂蚁取食。

防治历： 5月，可在成虫上树时喷洒25%的噻虫啉2000倍液进行预防，当成虫爬行活动时触杀。

6～9月，可人工摘除虫枝进行销毁处理。

图36-3 柳瘤大蚜危害状
（管理局森防站 张军生 摄）

37. 白杨毛蚜 *Chaitophorus populeti* (Pannzer)

分布与危害：国内分布于内蒙古、辽宁、吉林、黑龙江、北京、河北、山东、河南、四川、云南、新疆等省区；国外分布在俄罗斯、朝鲜、日本、印度、伊朗、土耳其、以色列、埃及、欧洲。内蒙古大兴安岭林区分布在乌尔旗汉、库都尔、根河、克一河、甘河、阿里河等地。2016年该虫密度较高。

寄主：杨树。主要危害叶、嫩枝及梢。

主要形态特征：无翅蚜体长约3 mm，卵椭圆形，体淡绿色、灰绿色、淡红褐色，复眼褐色。触角6节，黄褐色。足与体色同，跗节和爪色深。翅痣灰色，前胸背中央淡黑色横带断裂为2个模糊黑点。有翅蚜黑绿色，腹部灰褐色，各节后部黑褐色，触角灰褐色。卵淡灰色，长圆形。若虫体淡褐色，后变深。

生物学特性：一年发生十五余代以上，常与白毛蚜混合发生，10天左右1个世代。9月下旬以卵在当年生芽腋处越冬。5月下旬树汁液萌动的时候，卵孵化并在新叶的背面危害，约1周左右则见有翅蚜，并迁飞扩散危害。

防治历：6月，可喷洒25%的噻虫啉2000倍液进行预防，当成虫和若虫爬行活动时触杀；也可用10%吡虫啉可湿性粉剂2000倍液或1%苦参碱可溶性液剂1000倍液喷雾防治。

6～9月，可人工摘除有虫枝叶集中销毁处理。

注意保护其天敌瓢虫、食蚜蝇、草蛉等。

图37-1 毛白杨蚜若虫　　　　　　　图37-2 毛白杨蚜危害状
（管理局森防站 张军生 摄）　　　　（管理局森防站 张军生 摄）

38. 杨柄叶瘿绵蚜 *Pemphigus populi* Courchet

分布与危害：国内分布在黑龙江、辽宁、吉林、内蒙古、北京、河北、贵州、云南、宁夏、新疆、西藏等省区；国外分布于朝鲜、日本、俄罗斯。内蒙古大兴安岭林区分布在乌尔旗汉林业局。2016年该虫发生密度较高。

寄主：杨树。

主要形态特征：有翅蚜体椭圆形，长约2.5 mm。头胸黑色，腹部淡色。触角、足、喙黑色。体表光滑。头顶弧形，触角粗短，触角感应圈少，第6节无次生感应圈。喙短粗，达前中足基节之间。翅脉镶淡褐色边，前翅4斜脉不分叉，无腹管。尾片半圆形，有微刺突构成的细瓦纹。

生物学特性：一年发生10多代，以卵在枝条裂缝内越冬。春季卵孵化后，在叶与叶柄交界处危害，在叶基部正面形成一个近球形的虫瘿，光滑，与叶色相同为绿色，后变为褐色，表面粗糙。后期

图38-2 杨柄叶瘿绵蚜危害状
（管理局森防站 张军生 摄）

虫瘿顶部自然裂开，有翅成蚜飞出扩散，继续危害。9月中下旬产性蚜交尾产卵。

防治历：5～6月，人工采摘虫瘿；也可喷洒25%的噻虫啉2000倍液、10%吡虫啉可湿性粉剂2000倍液或1%苦参碱可溶性液剂1000倍液进行防治。

图38-1 杨柄叶瘿绵蚜虫瘿
（管理局森防站 张军生 摄）

39. 杨绵蚧 *Pulvinaria betulae* Linnaeus

分布与危害： 国内分布在黑龙江、辽宁、吉林、内蒙古、新疆等省区。内蒙古大兴安岭林区分布在绰源、乌尔旗汉、库都尔等地。2014年该虫发生密度较高。

寄主： 杨树、柳树。

主要形态特征： 雌成虫卵形，体长6.2～7.5 mm，体背硬化成壳状，灰褐色、紫褐色。体背面中央有一纵脊，脊两侧多横皱，间有黑色斑纹，体缘着生短毛。雄成虫体长约1.8 mm，中胸具1条紫黑色横带。雄介壳蜡质，灰白色，半透明。卵淡红色。初孵若虫体长约0.4 mm，椭圆形，扁平，淡红褐色，触角和足发达，淡灰色。

生物学特性： 一年发生1代，以受精的雌蚧在枝条裂缝或树干缝隙内越冬。春季出蛰后在树干、树枝上吸食树汁，5～6月在白色细蜡丝组成的卵囊中产卵。随后雌成虫产卵，卵囊逐渐伸出雌虫腹末，雌成虫虫体则逐渐变扁缩短，产卵完成后雌成虫只剩下一片灰壳盖在白色的卵囊前端。6月中下旬孵化的若虫爬到叶片上，在叶脉两侧吸吮汁液。8月上旬，相继到枝条、树干及树体伤疤处固定危害。8月下旬至9月上旬，雄蚧大量化蛹，不久成虫出现，与雌蚧交尾后，以受精雌成虫越冬。该虫可危害幼龄树，也可危害成年树，严重时可使树木生长停止，并能造成树木死亡。

防治历： 5～6月，人工修剪摘除成虫及卵囊进行防治；也可喷洒25%的噻虫啉2000倍液、10%吡虫啉可湿性粉剂2000倍液、1%苦参碱可溶性液剂1000倍液或1.2的烟参碱1000～1500倍液进行防治。

图39-1 杨绵蚧雌成虫
（管理局森防站 张军生 摄）

图39-2 杨绵蚧卵囊
（管理局森防站 张军生 摄）

图39-3 杨绵蚧的卵
（管理局森防站 张军生 摄）

图39-4 杨绵蚧危害状
（管理局森防站 张军生 摄）

40. 黑龙江粒粉蚧 *Coccura suwakoensis* Kuwana et Toyoda

分布与危害：黑龙江粒粉蚧又叫黑龙江盘粉蚧、日本盘粉蚧。国内主要分布于黑龙江、辽宁、吉林、河北、山东、山西、河南等地；国外分布于日本。内蒙古大兴安岭林区分布在克一河林业局。2007～2008年在克一河国家森林公园内严重发生，发生面积达300亩。

寄主：柳、稠李、绣线菊、山丁子、忍冬属、丁香属及蔷薇科等植物。主要在干、侧枝上危害，靠近干基部为多。

主要形态特征：虫体圆形或长椭圆形，长约5 mm，触角9节，足小，腹裂3个，大，多呈椭圆形。肛环具内外2列孔。虫体各体节上不规则的分布有细刺毛。有多孔腺群，在腹部2～6节腹板上形成宽的横带，在7～8腹板上形成横列。刺孔群18对。体表满布蜡质。

生物学特性：一年发生1代，以雌性成虫在树干或根部裂缝中越冬。越冬后的雌成虫爬到寄主植物的干、枝上，一旦选定位置则不再移动，雌虫产卵繁殖后则死亡。一头雌虫可产卵500粒以上。若虫大量出现在7月上旬。一、二龄若虫可以快速移动，当固定好位置后则直接吸取寄主植物的汁液，大发生时常使寄主植物的叶、枝、侧枝、主干死亡，影响树木的成活及生长势。

防治历：4～5月，针对雌成虫越冬场，可对越冬后的雌成虫人工直接灭杀防治，防治一头雌成虫相当于消灭500条若虫。

6月末～7月初，人工喷洒25%的噻虫啉1500倍溶液防治雌成虫和若虫，或用10%吡虫啉可湿性粉剂1500倍液、1%苦参碱可溶性液剂1000倍液开展防治，应交互用药连续防治3～4遍。

7月，对为害严重的林分，人工伐除受害木并集中烧毁。

图40-1 黑龙江粒粉蚧
（管理局森防站 张军生 摄）

图40-2 黑龙江粒粉蚧危害状
（管理局森防站 张军生 摄）

图40-3 黑龙江粒粉蚧危害状
（管理局森防站 张军生 摄）

图40-4 黑龙江粒粉蚧危害状
（管理局森防站 张军生 摄）

41. 东北大黑鳃金龟 *Holotrichia diompalia* Bates

分布与危害： 在辽宁、吉林、黑龙江、内蒙古、河北、甘肃发生较为普遍。主要是幼虫（蛴螬）取食苗木的根茎和种子，导致苗床出苗缺苗，苗木呈团、块状枯萎、死亡。

寄主： 松、落叶松、杨、柳、榆、桑、李、胡桃、刺槐、山楂、苹果等多种苗木、草坪草及多种农作物。

主要形态特征： 成虫黑色或黑褐色，具光泽。触角黄褐色或赤褐色。触角10节，棒状部由3节组成，雄虫棒状部明显长于后6节之和。前胸背板上有许多刻点，鞘翅各具纵肋4条。肩疣突位于由里向外数第二纵肋基部的外方。前足胫节外侧具齿3个，内侧有距1根。雄虫前臀节腹板中央有显著的三角形凹坑；雌虫前臀节腹板中央无三角形凹坑，但具横向棱形隆起骨片。老熟幼虫黄褐色，前顶刚毛每侧3根，呈纵列。

生物学特性： 一般二年完成1代，以成虫及幼虫在地下越冬。越冬成虫4月下旬至5月中旬开始出土，5月中下旬至6月上中旬为出土盛期，7月上中旬为产卵盛期，成虫末期可延至8月下旬。成虫昼伏夜出，晚上出土、取食、交尾。一般17:00后成虫开始出土活动。成虫有趋光性，但雌虫趋光性很弱。卵一般散产于表土中，平均产卵量为100粒左右，7月中下旬为孵化盛期。初孵幼虫先取食土中腐殖质，后取食植物地下部分。幼虫3龄，当10 cm深土温降至12 ℃以下时，即下迁至0.5～1.5 m处做土室越冬。越冬幼虫翌年4月上旬开始上迁，4月下旬10 cm深处土温达10℃以上时，幼虫全部上迁至耕作层危害。6月下旬老熟幼虫陆续下迁至30～50 cm深处营土室化蛹。蛹期平均22～25天。成虫羽化后当年不出土，直到第二年4～5月才出土。此虫有大小年之分，隔年成虫发生量大，隔年春季幼虫危害严重。

防治历： 9月中旬至翌年4月中旬，针对越冬成虫和越冬幼虫，可进行冬季翻耕，翻出幼虫或成虫冻死或集中灭杀；及时清除杂草并适时灌水；使用充分腐熟的厩肥作底肥。土壤耕翻深度要在20 cm以上。在厩肥腐熟期间掺入农药。

4月下旬～6月上旬，对成虫、幼虫虫口密度进行调查。

6月中旬～9月中旬，利用成虫的趋光性开展黑光灯诱杀防治；或在苗圃周围栽植金龟子喜食的杨树植物诱杀成虫；或在成虫产卵前设蒿草沤肥堆或其他厩肥堆诱虫产卵，集中捕杀。利用50%杀螟松乳油2000倍液喷洒幼苗或幼树进行保护性防治。利用1.2%苦参碱·烟碱乳油

图41-1 东北大黑腮金龟成虫

500～800倍液，在金龟子发生期每7～10天灌根1次，连续灌根2～3次防治土壤中的幼虫。利用50%辛硫磷乳油或25%辛硫磷微胶囊缓释剂进行种子处理。用白僵菌或绿僵菌原孢粉60～75 kg/hm²，日本金龟芽孢杆菌为每公顷10亿活孢子/g的菌粉1500 g，均匀喷洒到苗床上进行预防性防治。

图41-2 东北大黑腮金龟卵

图41-3 东北大黑腮金龟幼虫

图41-4 东北大黑腮金龟蛹

42. 花曲柳窄吉丁 *Agrilus marcopoli* Obenberger

分布与危害：花曲柳窄吉丁又叫梣小吉丁。国内分布于黑龙江、辽宁、吉林、内蒙古、山东等地；国外分布于朝鲜、蒙古、日本。内蒙古大兴安岭林区分布在毕拉河林业局。

寄主：花曲柳、梣树、大叶白蜡。

主要形态特征：成虫体狭长楔形，体长约12 mm。体铜绿色具金属光泽，头扁平，头顶盾形。复眼肾形，古铜色。前胸横长方形，略宽于头部，鞘翅前缘隆起成横脊，表面布刻点，尾端圆钝。卵米黄色；老熟幼虫乳白色，体长约30 mm，体扁平，头小，褐色，缩于前胸内，仅显口器。前胸膨大成球状。腹部10节，末端有一对褐色锯齿状的尾针。蛹乳白色，腹端数节略向内弯曲。

生物学特性：二年完成1代，以幼虫在韧皮部和木质部间的坑道内越冬。越冬幼虫4月下旬开始活动，5月上中旬化蛹，6月上旬成虫羽化飞出，6月中下旬成虫大量羽化。成虫具有假死性，遇惊吓后即堕地。雌虫产卵量约80粒，卵产在树干的刻槽中。卵期7～9天，6月下旬有卵孵化为幼虫，随即钻入树皮内危害韧皮部和木质部边材。坑道扁平，主要集中在树干2 mm以下的区间。寄主受害后，常造成树木生长衰弱甚至死亡。

防治历：4～5月，越冬期时及时伐除受害木，并剥皮或熏蒸处理。采伐的原木要及时运出林外，伐根要尽量低；不能及时运出的，在5月底前剥皮处理。

6月，成虫没有扬飞之前，在树干基部喷施25%噻虫啉灭杀羽化飞出的成虫。

4～9月，加强树木经营管理，增强树势，提高抵御害虫侵入能力。

图 42-1 花曲柳窄吉丁成虫
（毕拉河林业局 汪大海 摄）

43. 六星吉丁虫*Chrysobothris succedanea* Saunders

分布与危害：分布于吉林、黑龙江、辽宁、陕西、甘肃、青海、新疆等地。内蒙古大兴安岭林区分布在阿里河、毕拉河、阿龙山、满归、乌尔旗汉等林业局。

寄主：杨、柳、山杏、桦等。

主要形态特征：成虫体黑色，具紫色光泽。鞘翅具纵脊线10条。每翅面有缘分行排列的3个圆形的黄色毛斑。卵白色。幼虫体扁平，头胸明显膨大呈球形，中央有一大"∧"形褐色沟纹。蛹白色。

生物学特性：一年发生1代，以老龄幼虫在寄主体内越冬。5月上旬幼虫开始在树体内活动危害，5月下旬化蛹，蛹期长达30天，6～7月为成虫羽化期，成虫羽化后可飞到下一个寄主树进行产卵，卵于8月上旬孵化，幼虫蛀入韧皮部先危害，后钻入木质部越冬。幼虫可破坏树木的木质部、韧皮部，造成树木死亡。

防治历：5月前，及时伐除受害木，并进行剥皮及熏蒸处理。采伐的原木要及时运出林外，伐根要尽量低。

7月，成虫羽化期可以在树干上喷洒25%的噻虫啉进行预防。加强树木经营管理，增强树势，提高抵御害虫侵入能力。

图43-1 六星吉丁虫成虫
（毕拉河林业局 汪大海 摄）

图43-2 六星吉丁虫幼虫及蛀道
（毕拉河林业局 汪大海 摄）

44. 云杉八齿小蠹 *Ips typographus* Linnaeus

分布与危害：分布于吉林、黑龙江、四川、陕西、甘肃、青海、新疆等地，以吉林、青海为重。内蒙古大兴安岭林区全境均有分布。该小蠹虫是危害天然云杉林（一般为成、过熟林）的次期性害虫，成虫和幼虫取食被害木韧皮部，使林木输导组织遭到破坏，无法传输水分、养分，导致树木逐渐干枯死亡。经常和其他小蠹一起造成林木的大面积枯死，尤其以红皮云杉、鱼鳞云杉及雪岭云杉受害最为严重。

寄主：红皮云杉、鱼鳞云杉、天山云杉、雪岭云杉、紫果云杉、青海云杉、冷杉、红松、黑松、樟子松、兴安落叶松等。

主要形态特征：成虫体黑褐色，有光泽，被褐色绒毛。额面具有粗糙的颗粒，额下部中央口器上部有1个瘤状大突起。前胸背板前半部中央具有粗糙的褶皱，后半部为稀疏的刻点。前翅具刻点沟，沟间平滑，无刻点；鞘翅后半部斜面形，斜面两侧各具4个齿突，第三个呈钮扣状，其余3个为圆锥形，4个齿单独分开，以第一和二齿间的距离最大。斜面凹窝上有分散的小刻点，斜面无光泽，似覆盖一层肥皂沫。幼虫体弯曲，多褶皱，被有刚毛，乳白色。

生物学特性：在吉林长白山林区一年发生3代，以成虫越冬。大部分成虫在枯死树皮下或旧坑道内越冬，少数成虫在受害树下的枯枝落叶层和土层中越冬。翌年4月中下旬开始活动，5月上旬侵入树干，开始蛀坑道产卵。第一代幼虫于6月中旬老熟。羽化后于6月下旬至7月上旬继续侵入树干，蛀道产卵危害。第二代幼虫于7月下旬老熟。第二代成虫于8月上旬产卵，第三代幼虫于8月中下旬老熟，陆续进入成虫期。发育期不整齐。此虫最初危害症状不明显，仅在侵入孔下或树基地面有褐色木屑，树干有流脂，以后针叶失去光泽进而脱落，8月下旬更为明显。此虫多寄生于树干的中、下部，在林缘立木上的分布可由树干基部到树梢部，有时也能危害粗达5 cm以上的枝条下部。

防治历：每年10月至翌年5月，针对越冬成虫，及时伐除和清理被害木，或运离林区或就地销毁，楞场要远离林地。将已被侵害的松木集中在一起，用塑料薄膜盖住，四周均匀放置熏蒸剂，然后迅速将薄膜边缘用土压住封闭，一般熏蒸2～3天即可。药剂可采用磷化铝（4 g/m^3）或溴甲烷（16 g/m^3）。虫害木熏蒸处理，在小蠹虫尚未扬飞前进行。采伐期调整到秋末，以便在小蠹虫危害之前将采伐下的松杆全部售完，避免人为虫源地的发生。加强抚育，保持林内卫生条件。控制森林郁闭度在0.7以上。

6～8月，对扬飞成虫进行饵木诱杀防治。5月下旬或7月中下旬，选择去枝丫、梢头2 m长的饵木诱杀成虫，以3～5根为1组，下面加垫木平铺20 cm，1 hm^{2}设置8～10处。当小蠹蛀入木段高峰期过后，对饵木进行剥皮或化学药剂处理。信息素诱杀防治法，可设置聚集信息素诱捕器1～3个/hm^2，进行聚集信息素防治，每个诱捕器间隔50～100 m，放置高度距地面1.5 m为宜。保护性预防措施，虫源地周围树木和不能及时清理的树木，在小蠹虫每次扬飞前喷洒1%绿色威雷微胶囊剂800～1000倍液、25%的噻虫啉乳剂进行喷雾防治，以喷洒树干主干8 m以下为主，同时要兼顾直径大于4 cm的侧枝。

　　5~9月，在树干基部至中部，包上塑料布，内投3~5片磷化铝片密闭熏杀小蠹虫的卵、幼虫和蛹；也可采用打孔注射法，在树体上打孔注射吡虫啉或40%氧化乐果原液等进行防治，在春季对防治区树干涂白同时用磷化铝堵孔。

　　注意保护啄木鸟、郭公虫等天敌。

2.成虫头部正面观　　3.鞘翅端部形状

图44-1　云杉八齿小蠹

45. 落叶松八齿小蠹 *Ips subelongatus* Motschulsky

分布与危害： 分布于河北、山西、内蒙古、辽宁、吉林、黑龙江、山东、浙江、云南、甘肃新疆等地，以吉林、黑龙江和内蒙古东部危害尤重。内蒙古大兴安岭林区全境均有分布。常因林地过火、局部干旱造成林木树势衰弱后，作为次期性害虫的先锋虫种侵害，猖獗成灾。主要以幼虫、成虫蛀食韧皮部、边材，对树冠部、基干部或全株皮层危害，严重发生可使被害树木的树皮片状脱落，引发天牛类侵入加重危害，为我国北方落叶松林的主要害虫。

寄主： 兴安落叶松、长白落叶松、华北落叶松、日本落叶松，樟子松、红松、赤松、红皮云杉、鱼鳞云杉等也有发生。

主要形态特征： 成虫鞘翅长为前胸背板长的1.5倍，翅端凹面两侧各有4个独立齿，以第三齿最大；翅盘表面与鞘翅其余部分同样光亮。幼虫体弯曲，多褶皱，被有刚毛，乳白色，头壳灰黄色，额三角形。前胸和第一至八腹节各有气孔1对。坑道为复纵坑。母坑道1～3条，多数为上1下2分布，长20～40 cm，子坑道与母坑道垂直，长2.1～7.3 cm；上面母坑道两侧的子坑道数近等，下面母坑道内侧的则显著地少于外侧，短小而紊乱，整个坑道在边材上清晰。补充营养坑道极不整齐。

生物学特性： 内蒙古大兴安岭林区一年发生1代，主要以成虫在枯枝落叶层、伐根及楞场原木皮下越冬，少数个体以幼虫、蛹在寄主树皮下越冬。有成虫、幼虫、蛹重叠现象。成虫具2次扬飞高峰期，即5月下旬～6月上旬、7月下旬～8月中旬。主要侵害衰弱木，但当立地条件差，树木生长不良、火烧迹地、人为活动频繁及经营管理不善时可暴发成灾。如先有死木，侵入死木后，当种群数量达到高峰时，又开始侵入附近健康木，严重危害后树皮脱落。一般每年的5月下旬至6月上旬羽化为成虫开始飞出，成虫有在原坑道或新蛀道内补充营养的习性，6月中旬为活动高峰期，6月上旬开始产卵，6月中旬卵孵化为幼虫并沿与主坑道垂直的方向钻食形成子坑道，因为成虫产卵时间的不一致，导致虫龄不整齐，于7月中旬扒开树皮可见到新产的卵、初孵幼虫、二龄幼虫、三龄幼虫、四龄幼虫、蛹及新羽化的成虫。新成虫大量羽化时期为8月中旬。卵期9～12天，一龄幼虫期5天，二龄幼虫期6天，三龄幼虫期6天，四龄幼虫期7天。整个幼虫期22天左右，蛹期约9天，成虫羽化后就在蛹室附近补充营养。可持续2～4年，逐渐形成虫源地。

防治历： 10月至翌年4月，针对越冬成虫，及时伐除和清理虫害树木，或运离林区除害处理，或就地销毁。5月中旬前运出。将被害木集中在一起，用塑料薄膜盖住，薄膜边缘用土压实封闭，四周均匀放置熏蒸剂，一般熏蒸2～3天即可。在小蠹虫扬飞前熏蒸。药剂可采用磷化铝（4 g/m³）或溴甲烷（16 g/m³）。合理调整采伐期，将采伐期调整到秋末，以便在5月中下旬小蠹虫危害之前将采伐下来的松木全部销售完。

5～8月，扬飞成虫期，设置饵木或聚集信息素诱杀。在小蠹虫扬飞前，将新采伐的落叶松木作诱饵设置于林间。饵木长1～2 m，设置林内显眼处。每公顷放置1堆，每堆为5～10根。小蠹虫产卵后，将饵木回收剥皮处理，消灭幼虫。8%氯氰菊酯微囊悬浮剂200～400倍液喷洒虫源木、虫源地周围树木和不能及时清理的树木。时间选在小蠹虫扬飞前2～3天喷洒。

6～8月，在树干基部至中部包塑料布，内投3～5片磷化铝片密闭熏杀。也可采用树干涂白剂及磷化铝堵孔。

注意保护红胸郭公虫、金小蜂、褐小茧蜂并招引大斑啄木鸟等天敌。

图45-1 落叶松八齿小蠹成虫正面
（管理局森防站 张军生 摄）

图45-2 落叶松八齿小蠹成虫腹面
（管理局森防站 张军生 摄）

图45-3 落叶松八齿小蠹卵
（乌尔旗汉林业局 苏桂云 摄）

图45-4 落叶松八齿小蠹卵列
（阿龙山林业局 刘超 摄）

图45-5 落叶松八齿小蠹低龄幼虫
（管理局森防站 张军生 摄）

图45-6 落叶松八齿小蠹老熟幼虫
（管理局森防站 张军生 摄）

图45-7 落叶松八齿小蠹刚孵化的蛹
（乌尔旗汉林业局 徐桂云 摄）

图45-8 落叶松八齿小蠹老熟蛹
（管理局森防站 张军生 摄）

图45-9 落叶松八齿小蠹刚羽化的成虫
（管理局森防站 张军生 摄）

图45-10 落叶松八齿小蠹成虫羽化孔
（阿龙山林业局 朱雪岭 摄）

图45-11 落叶松八齿小蠹树干木质部表面坑道
（管理局森防站 张军生 摄）

图45-12 落叶松八齿小蠹树皮部坑道
（管理局森防站 张军生 摄）

图45-13 落叶松八齿小蠹危害状生态照
（管理局森防站 张军生 摄）

46. 云杉大墨天牛 *Monochamus urussovi* Fisher

分布与危害：分布于河北、内蒙古、辽宁、吉林、黑龙江、江苏、山东、陕西及新疆等地。内蒙古大兴安岭林区全境均有分布。常因林地过火、局部干旱造成林木树势衰弱，继小蠹虫侵入之后猖獗成灾。幼虫危害伐倒木、生长衰弱的立木、风倒木以及贮木场中的原木，常与其他天牛混合危害。成虫危害活树的小枝，是我国北方松林危险性害虫。

寄主：红皮云杉、鱼鳞云杉、红松、臭冷杉、兴安落叶松、长白落叶松、白桦。

主要形态特征：成虫体黑色，带墨绿色或古铜色光泽。雄虫触角长为体长的2～3.5倍，雌虫触角比体稍长。前胸背板有不明显的瘤状突3个，侧刺突发达。小盾片密被灰黄色短毛。鞘翅基部密被颗粒状刻点，并有稀疏短绒毛，愈向鞘翅末端，刻点渐平，毛愈密，末端全被绒毛覆盖，呈土黄色，鞘翅前1/3处有1条横压痕。雄虫鞘翅基部最宽，向后渐狭。雌虫鞘翅两侧近平行，中部有灰白色毛斑，聚成4块，但常有不规则变化。老熟幼虫乳黄色。头长方形，后端圆形。约2/3缩入胸部。前胸最发达，长度为其余2胸节之和，前胸背板有褐色斑。胸、腹部的背面和腹面有步泡突，背步泡突上有2条横沟，横沟两端有环形沟，腹步泡突上有1条横沟，横沟两端有向后的短斜沟。

生物学特征：在大兴安岭二年发生1代，少数三年1代。以幼虫越冬。成虫6月上旬开始羽化，6月下旬至9月上旬为产卵期，初孵幼虫直接钻进树皮，在韧皮与边材之间取食活动，受害部分不规则。当年蜕皮2～3次，大约在8月上旬开始向木质部作坑道，9月下旬进入木质部坑道越冬。当年坑道大部分垂直伸入，侵入孔椭圆形。第二年5月上旬，越冬幼虫从木质部回到树皮下，继续取食。7月中旬幼虫老熟，再次进入木质部作马蹄形或弧形坑道，坑道末端是蛹室，以老熟幼虫或预蛹第二次越冬，第三年5月上旬至7月中旬化蛹。整个幼虫期约2年。幼虫在边材上的取食，在木质部作大而深的坑道，使原木材质下降，并促其腐朽。成虫补充营养取食嫩枝树皮，并咬到髓心。雌虫最喜欢在云杉伐倒木上产卵，其次是生长衰弱的树木上。雌虫在树皮上咬一眼形小槽。每槽产卵1粒，少数产2粒。

防治历：10月至翌年5月，针对越冬幼虫，伐除和清理受害木，运离林区或就地销毁，及时运出虫源基地。楞场要远离林地。清理受害木应在6月前完成。对虫害木进行帐幕熏蒸处理，一般熏蒸2～3天即可，采用磷化铝4 g/m³或溴甲烷16 g/m³。还可对原木剥皮防止天牛产卵危害。

6月，成虫扬飞期在林间设置诱饵木，将新采伐飞松木截成1～2 m长的木段，每公顷放置1堆，每堆15～30根。当天牛产卵后，将饵木回收剥皮处理，消灭幼虫。在成虫扬飞前设置。也可用8%氯氰菊酯微囊悬浮剂200～400倍液喷洒虫源木、虫源地周围树木和不能及时清理的树木，在成虫扬飞前2～3天喷洒。

7～9月，在树干基部至中部包塑料布，内投3～5片磷化铝片密闭熏杀卵、幼虫及蛹。或对虫孔注射25%吡虫啉、25%的噻虫啉或40%氧化乐果原液。

注意保护寄生蜂和招引啄木鸟等天敌。

图46-1 云杉大墨天牛成虫（雌）
（阿龙山林业局 纪仁艳 摄）

图46-2 云杉大墨天牛成虫
（绰源林业局 刘跃武 摄）

图46-3 云杉大墨天牛幼虫
（满归林业局 高俊平 摄）

图46-4 云杉大墨天牛蛹
（满归林业局 赵晏 摄）

图46-5 云杉大墨天牛成虫羽化孔
（满归林业局 白林 摄）

图46-6 云杉大墨天牛危害状
（阿龙山林业局 李洪峰 摄）

47. 云杉小墨天牛 *Monochamus sutor* Linnaeus

分布与危害： 分布于辽宁、吉林、黑龙江、内蒙古、山东、青海等地。侵害活立木、伐倒木和风倒木。幼虫蛀食木质部，形成如指状粗大虫道，致使木材利用价值降低。成虫补充营养时期大量啃咬树枝韧皮部，影响树木生长，是针叶树的一种严重害虫。

寄主： 云杉、冷杉或落叶松、欧洲赤松和红松。

主要形态特征： 成虫体黑色，有时略带古铜色光泽。全身密被淡灰色至深棕色稀疏绒毛。头部刻点密，粗细混杂。雄虫触角超过体长1倍多，雌虫触角超过体长约1/4，从第三节起每节基部被灰色毛。前胸背板两侧有刻点；侧刺突粗壮，末端圆钝；雌虫前胸背板中区前方常有2个淡色小型斑。小盾片具灰白色或灰黄色毛斑，中央有1条无毛细纵纹。鞘翅黑色，末端钝圆；雌虫鞘翅上常有稀散不显著的淡色小斑；雄虫一般缺如，腹面被棕色长毛，以后胸腹板为密。老熟幼虫体淡黄白色。头部褐色，头壳后段缩入胸部，口器黑褐色，附近密被黄色刚毛；上颚强大，前缘及侧缘有较多的黄褐色毛。中、后胸各有1行刚毛。胸、腹部的背面和腹面有步泡突。背步泡突圆形，后方有缺口，中央有3行瘤；腹步泡突有2行瘤，其中有1条横沟。

图47-1 云杉小墨天牛成虫（雄）
（绰尔林业局 孙金海 摄）

生物学特性： 在东北地区一年发生1代，以幼虫在木质部虫道内越冬。翌年5月继续取食，老熟后在距树皮2～3 cm的虫道内做蛹室化蛹。6月初成虫咬破圆形羽化孔飞出，盛期在6月中下旬。成虫羽化后，飞到树冠上取食树枝皮层补充营养，不仅危害大径（22 mm）的枝条，也危害极细（2 mm）的枝条。一般在粗枝上多呈带状危害，在8 mm以下的细枝上则呈环状危害。不仅咬食枝皮，并喜欢取食木段断面的韧皮部，常常咬成一个很大的缺口。成虫较活跃，有假死性，喜光，取食活动主要在白天进行。成虫交尾、产卵和补充营养同时进行，喜欢在新伐倒木或风倒木树干上产卵。产卵刻槽长棱形，均匀分布在木段上，多为单产，个别也有3粒，每头雌虫产卵22～39粒。卵期10天左右，初孵幼虫开始只取食周围的韧

图47-2 云杉小墨天牛成虫（交尾）
（管理局森林防站 张军生 摄）

皮部，形成不规则虫道，一般经过20～30天后蛀入木质部，幼虫蛀道有"一"字形和"L"形2种。9月下旬幼虫开始在木质部虫道内越冬。

防治历： 1～4月，越冬期及时清理虫害严重树木。对虫害木要及时进行除害处理，采用磷化铝(6 g/m³)、硫酰氟（40～60 g/m³）塑料帐幕熏蒸3～7天，或用10%氯氰菊酯乳油或50%辛硫磷乳油100～200倍液，从楞堆上部和两端间隙向里喷，防止天牛产卵。原木要及时运出林外，对贮木场的原木应及时剥皮，减少天牛适生的寄主。

5月及8～9月，针对幼虫，用大力士等内吸性强的药物进行打孔注药防治。此方法可在小面积发生时使用。

6～7月上旬，针对成虫，采用8%氯氰菊酯微囊悬浮剂常量喷雾300～500倍、超低量喷雾100～150倍液杀灭成虫。特别是羽化高峰期补充营养时进行防治，喷干或喷寄主树冠和树干。也可使用杀虫灯诱杀成虫。杀虫灯要设置在空旷地带，灯底部距地面1.5～1.7 m。

加强检疫，防止用带虫苗木造林，阻止该虫通过苗木调运传播。

图47-3 云杉小墨天牛蛹
（阿龙山林业局 纪仁艳 摄）

48. 青杨脊虎天牛 *Xylotrechus rusticus* Linnaeus

分布与危害：分布于辽宁、吉林、黑龙江等省。内蒙古大兴安岭林区分布在阿里河林业局。该虫为全国性检疫对象。以幼虫蛀干危害。成、过熟林被害后极易风折，严重时被害木枯死。主要危害7～15年生树木。

寄主：杨属、柳属、桦木属、栎属、水青冈属（山毛榉属）、椴树属、榆属多种植物。

主要形态特征：成虫体黑色，头部与前胸色较暗，头顶有倒"V"形隆起线。触角着生处较近，雄虫触角长达鞘翅基部，雌虫略短，达前胸背板后缘。前胸球状隆起，宽度略大于长度，密布不规则皱脊；背板具2条不完整的淡黄色斑纹。小盾片半圆形；鞘翅两侧近平行；内外缘末端钝圆；翅面密布细刻点，具淡黄色模糊细波纹3或4条，在波纹间无显著分散的淡色毛；基部略呈皱脊。体腹面密被淡黄色绒毛。后足腿节较粗，胫节距2个。幼虫黄白色，体生短毛，头淡黄褐色，缩入前胸内。前胸背板上有黄褐色斑纹。腹部除最末节短小外，自第一节向后逐渐变窄而伸长。

生物学特性：一年发生1代，以幼虫在木质部内越冬，翌年4月上旬越冬幼虫开始活动钻蛀危害，虫道不规则，化蛹前蛀道伸到木质部表面层，并在蛀道末端以木屑封闭。4月下旬开始化蛹，5月下旬成虫开始羽化，6月初为羽化盛期，羽化后进行交尾，6月中旬产卵，卵呈堆状。成虫产卵时直接把产卵器插入树皮的裂缝内，几乎不在光滑的嫩枝上产卵，这也是导致主干比侧枝受害严重，下部比上部受害严重的原因。6月中旬至7月上旬卵孵化，初孵幼虫即可钻蛀危害，7～8月一般在韧皮部和木质部之间危害，8～10月全部钻蛀到木质部内取食，10月下旬停止取食，进入冬眠状态。成虫飞翔能力不强，善于爬行，一般就近、集中产卵于树干老树皮的裂缝较隐蔽处，初孵幼虫向四周扩散钻蛀危害，从而在树干上留下1～2 m不等的虫害木段。该虫危害寄主的部位与林龄有关，5～7年生树木在1 m以下，8～12年生树木在3 m以下，12年生以上树木在4 m以下区段受害较严重。

图48-1 青杨脊虎天牛成虫（雌）　　图48-2 青杨脊虎天牛成虫（雄）　　图48-3 青杨脊虎天牛成虫腹面

防治历：3～4月中旬，针对幼虫，用2.5%敌杀死乳油100倍液于干基部打孔注射（5 mL/株）；早春在树干绑缚塑料布，用磷化铝片剂密闭熏蒸树干内幼虫。在化蛹之前施药。磷化铝熏蒸时间不得超过3天。对虫害木用帐幕法处理，每立方米木材需10～20 g磷化铝片剂。

　　5～6月上旬，针对成虫，在树干大侧枝喷施8%氯氰菊酯微囊悬浮剂150～300倍液，防治羽化后的成虫。成虫羽化盛期，常量喷雾用300～500倍液，超低量喷雾用100～150倍液。

　　6～7月，针对初孵幼虫，用3%高渗苯氧威乳油1000倍液对树干刷药，防治尚未进入木质部的幼龄幼虫。

图48-4 青杨脊虎天牛危害状
（阿龙山林业局 纪仁艳 摄）

49. 青杨楔天牛 *Saperda populnea* Linnaeus

分布与危害： 分布于黑龙江、内蒙古、辽宁、陕西、甘肃、宁夏、青海、新疆、山东、山西、河北、河南等地。内蒙古大兴安岭林区主要分布在绰源、温河和得耳布尔等林业局。幼虫蛀食枝干，特别是枝梢部分，被害处形成纺锤状瘤，阻碍养分的正常运输，使枯梢干枯，易遭风折，或造成树干畸形，呈秃头状，影响成材。在幼树主干髓部危害，可使整株枯死。

寄主： 杨属、柳属植物。

主要形态特征： 成虫体黑色，密布金黄色和黑色茸毛。前胸略呈梯形，其上有3条黄色线带，无侧刺突，背面平坦，两侧各具1条较宽的金黄色纵带。鞘翅满布黑色粗糙刻点，并有黄色绒毛。两鞘翅上各生有4个金黄色茸毛斑，第一对相距较近，第二对相距最远，第三对最近，第四对稍远。幼虫初孵时乳白色，中龄浅黄色，老熟时深黄色。头黄褐色，头盖缩入前胸很深。前胸背板骨化，体背面有1条明显中线。

生物学特性： 一年发生1代，以老熟幼虫在树枝的虫瘿内越冬，第二年春天开始化蛹，成虫羽化后常取食树叶边缘补充营养，2～5天后交尾，成虫一生可交尾多次，交尾后约2天开始产卵。产卵前先用产卵器在枝梢上试探，然后用上颚咬成马蹄形刻槽，在其中产卵，每雌平均产卵40粒。初孵幼虫向刻槽两边的韧皮部侵害，10～15天后，蛀入木质部，被害部位逐渐膨大，形成椭圆形虫瘿。10月上旬幼虫老熟，将蛀下的木屑堆塞在虫道末端，即为蛹室，幼虫在其内越冬。成虫在3月下旬（河南）、4月中旬（北京）、5月上旬（沈阳）开始出现。

防治历： 1～4月，对于受青杨楔天牛严重危害的没有防治价值的2～5年生杨树幼林，可平茬复壮。做好产地检疫。越冬期，及时开展产地检疫，特别是把好造林地复检关，剪除苗圃虫苗、虫瘿集中烧毁。

5月，对林相较好、虫害严重的过熟林、低产低效林改造时宜采取伐根嫁接，更新造林。嫁接

图49-1 青杨楔天牛成虫

图49-2 青杨楔天牛幼虫

用插穗宜选用较抗青杨楔天牛的新疆杨、北京0567等品种。挑选抗天牛树种（品种）营造混交林。

6月，成虫期可对树冠喷药，在树冠、树干上喷洒1%绿色威雷微囊悬浮剂200～300倍液进行防治。

5月下旬～6月中旬，人工砸马蹄形产卵痕迹，每隔7～10天进行一次，连续2～3次效果较好。

6～9月，在干基打孔注射5%吡虫啉乳油防治幼虫。打孔注药用药量按每厘米胸径0.3～0.5 mL计算。

10～12月，结合秋冬季修枝人工剪除带虫瘿枝条，可以供给寄生蜂饲养单位或直接销毁处理。

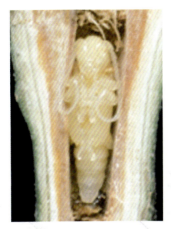

图49-3 青杨楔天牛蛹　　　　　　　　图49-4 青杨楔天牛危害状

50. 杨叶甲 *Chrysomela populi* Linnaeus

分布与危害：分布于青海、新疆、黑龙江、吉林、辽宁、内蒙古、山西、河北、山东、河南、陕西、宁夏、四川、贵州、湖南、湖北等地。内蒙古大兴安岭林区分布在阿尔山、乌尔旗汉、阿里河、毕拉河等林业局。成虫取食嫩梢幼芽。1~2龄幼虫取食嫩叶，被食叶片仅残留表皮和叶脉，呈网状；3龄以后幼虫分散危害，蚕食叶缘使其呈缺刻状。被害后，杨树叶及嫩尖分泌油状黏性物，后逐渐变黑而干枯。主要危害1~5年生幼树、大树新梢的叶片，苗圃幼苗及河滩低洼地片林危害尤其严重。

寄主：杨树、柳树。

主要形态特征：成虫体呈椭圆形，头蓝黑色，有铜绿色光泽。鞘翅浅棕至橙红色，中缝顶端常有1个小黑点。头部有较密的小刻点，额区具有较明显的"Y"形沟痕。鞘翅沿外缘有纵隆线，近缘有1行粗刻点。老熟幼虫体扁平，近椭圆形，体躯具橘黄色光泽，头黑色，肛污白色，背面有2列黑点，在第2、第3节两侧各有1个黑色刺状突起，以后各节侧面气门上、下线上均有黑色疣状突起。遇到惊扰，可放出乳白色臭液。

生物学特性：北方地区一年发生1代，以成虫在枯枝落叶层下或土层6~8 cm处越冬，翌年的5月下旬开始活动，上树取食。成虫取食时间长达1个月，有假死习性。成虫交尾时间多在10:00和15:00左右，可交尾数次，一般当天交尾当天即可产卵。一只雌成虫可产卵600多粒。产卵期较长，达1个月，卵产在叶背面，呈长块状，每块卵数量为30~55粒。幼虫昼夜取食。7月下旬开始化蛹，随之开始羽化。化蛹场所为叶背、叶柄及地面的杂草上。当气温超过25℃时，成虫潜伏于落叶下的表土层中越夏。9月上旬又开始活动、取食，9月中旬以后进入越冬期。

图50-1 杨叶甲成虫及危害状
（管理局森防站 张军生 摄）

图50-2 杨叶甲成虫（交尾）
（管理局森防站 张军生 摄）

防治历：1～5月，针对越冬成虫进行幼林抚育，及时清除林间杂草。

6～8月，针对成虫、卵、幼虫、蛹，振动树干，成虫假死落地后人工捕杀。5月下旬成虫开始上树时即可进行。也可人工摘除幼叶上的卵、蛹，集中杀死。

9～12月，针对成虫，用15%吡虫啉胶囊剂3000倍液、3%啶虫脒2000倍液或4.5%氯氰菊酯1000倍液等进行叶面喷雾。按顺风方向喷药，药液务必向上喷全树冠；喷药时要掌握天气变化情况，注意风速、风向，一般风速超过3 m/s时停止作业。进行幼林抚育，清除林地内的枯叶。

图50-3 杨叶甲1龄幼虫及危害状	图50-4 杨叶甲2龄幼虫	图50-5 杨叶甲4龄幼虫
（管理局森防站 张军生 摄）	（管理局森防站 张军生 摄）	（管理局森防站 张军生 摄）

51. 柳蓝叶甲 *Plagiodera versicolora distincta* Baly

分布与危害：柳蓝叶甲又叫柳蓝圆叶甲。国内分布于黑龙江、吉林、辽宁、内蒙古、河北、山东、江苏、浙江、江西、贵州、云南、四川、湖北、安徽、台湾等地；国外分布于朝鲜、日本、俄罗斯、欧洲、北美洲等地。内蒙占大兴安岭林区主要分布在毕拉河林业局。该虫曾于2015年在毕拉河大暴发，发生面积为12.7万亩，轻度发生7万亩，中度发生3.7万亩，重度发生2万亩，虫口密度达到300头/丛，危害十分严重，发生区杜鹃叶子全部被吃光。2016年发生面积约为2500亩。

寄主：柳、榛、桦、杜鹃等。

主要形态特征：成虫体近椭圆形，长3～5 mm，深蓝色，有金属光泽，触角褐色，复眼黑色，前胸背板光滑，前缘呈弧形凹入。鞘翅上有刻点，略成行，体腹面及足色较深，也有光泽。卵椭圆形，黄色；1～2龄幼虫黑色，4龄幼虫灰黄色，头黑色；蛹腹部背面有4列黑斑。

生物学特性：该虫一年发生2代，以成虫在枯落叶层、杂草及土中越冬，当柳树春季萌动时成虫开始活动，补充营养后交尾产卵于叶背面。每只雌虫产卵量达600粒左右。卵经10天左右孵化，多群集危害，只取食叶肉，留下叶表皮。化蛹时以腹部末端黏附于叶上。此虫发生极不整齐，各虫态均可见。成虫有假死性。

图51-1 柳蓝叶甲成虫（柳树）
（管理局森防站 张军生 摄）

图51-2 柳蓝叶甲成虫（杜鹃）
（毕拉河林业局 包鹏 摄）

防治历：5～7月，利用成虫假死习性，在危害盛期振落捕杀，必须在成虫上树后产卵前进行；或用2.5%溴氰菊酯乳油8000～10000倍液、8%氯氰菊酯微囊悬浮剂2000倍液等喷雾防治成虫。对卵期或初孵幼虫喷施25%灭幼脲悬浮剂1500～2000倍液，或用10%吡虫啉乳油4000～6000倍液喷雾防治。

图51-3 柳蓝叶甲成虫（桦树）
（克一河林业局 师延珍 摄）

图51-4 柳蓝叶甲幼虫
（管理局森防站 张军生 摄）

图51-5 柳蓝叶甲幼虫危害状
（毕拉河林业局 包鹏 摄）

图51-6 柳蓝叶甲蛹
（甘河林业局 朱鹏军 摄）

图51-7 柳蓝叶甲危害状
（毕拉河林业局 郝丽波 摄）

52. 榆紫叶甲 *Ambrostoma quadriimpressum* Motschulsky

分布与危害：分布于黑龙江、吉林、辽宁、河北、贵州、内蒙古等地。内蒙古大兴安岭林区全境均有分布。成虫取食榆树芽苞，使其不能正常发芽，成虫、幼虫取食叶片，严重时将叶片食光，连年危害，使榆树成为"干枝梅""小老树"，树势衰弱并引起其他病虫危害。

寄主：榆树。

主要形态特征：成虫体近椭圆形，鞘翅背面呈弧形隆起；前胸背板及鞘翅上有紫红色与金绿色相通的色泽，尤以鞘翅上最为显著。腹面紫色有金绿色光泽；头及足深紫色，有蓝绿色光泽；触角细长，棕褐色；上颚钳状。前胸背板两侧扁凹，具粗而深的刻点；鞘翅上密被刻点，后翅鲜红色，雄虫第五腹节腹板末端凹入，形成一向内凹入的新月形横缝。雌虫第五腹节末端钝圆。成虫体色以上述体色最多，此外尚有下列4种色泽：紫褐色、蓝绿色、深蓝色、铜绿色。1龄幼虫孵化时全体棕黄色，全身密被微细的颗粒状黑色毛瘤，其上着生淡金黄色刺毛；2龄幼虫体灰白色，头部呈淡茶褐色，头顶有4个黑色斑点，前胸背板有2个黑色斑点，背中线灰色，下方有1条淡金黄色纵带。近老熟时通体乳黄色。

图52-1 榆紫叶甲成虫（绿色型）
（管理局森防站 张军生 摄）

图52-2 榆紫叶甲成虫（蓝色型）
（管理局森防站 张军生 摄）

生物学特性：该虫一年发生1代，以成虫在榆树下土壤内2～11 cm越冬。越冬成虫在翌年5月上旬，当榆树刚刚萌芽时上树活动，取食芽苞危害。5月中旬为交尾盛期，产卵初期成虫在榆树展叶前，常产卵于枝梢末端，卵成串排列，榆展叶后产卵于叶片背面成块状。幼虫孵化后即取食叶片，6月中旬幼虫开始下树入土化蛹，7月上旬新成虫开始羽化。经过大量取食叶补充营养，当温度较高时（气温30℃左右），新成虫与上一代成虫一起群集于庇荫处夏眠。一般于7月下旬至8月上旬气温转凉时出蛰活动，10月上旬随着天气变冷，相继下树入土越冬。成虫不能飞翔，新成虫及越冬后刚刚出现的成虫假死性较强。幼虫行动缓慢，不活泼，老熟幼虫易被风摇落。

防治历：10月至翌年4月，针对越冬成虫防治，可用20%灭扫利乳油、20%速灭杀丁乳油分别与柴油、机油按1：1：8比例制作毒绳，绑缚在树干胸径处，阻止成虫上树。该法在越冬成虫上树危害前使用。

5～6月，针对成虫、卵、幼虫、蛹，利用成虫假死习性，在危害盛期振落捕杀。该法在成虫上树后产卵前使用。也可使用2.5%溴氰菊酯乳油8000～10000倍液或8%氯氰菊酯微囊悬浮剂2000倍液等喷雾防治成虫。在卵期或初孵幼虫期，用25%灭幼脲悬浮剂1500～2000倍液或10%吡虫啉乳油4000～6000倍液喷雾防治卵和幼虫。该法在成虫初上树期和幼虫盛发期进行。

7～9月，成虫夏眠后上树时进行药剂喷雾防治。

图52-3　榆紫叶甲成虫（紫色型）　　图52-4　榆紫叶甲成虫腹面　　图52-5　榆紫叶甲成虫交尾
（管理局森防站 张军生 摄）　　（管理局森防站 张军生 摄）　　（管理局森防站 张军生 摄）

图52-6　榆紫叶甲幼虫及危害状　　　　图52-7　榆紫叶甲成虫危害状
（管理局森防站 张军生 摄）　　（额尔古纳自然保护区管理局 高元平 摄）

53. 榆蓝叶甲 *Pyrrhalta aenescens* (Fairmaire)

分布与危害：榆蓝叶甲又名榆绿叶甲、榆毛胸萤叶甲、榆蓝金花虫。分布于河北、河南、江苏、湖南、山东、山西、陕西、甘肃、辽宁、吉林、黑龙江、内蒙古、台湾等地。内蒙古大兴安岭林区分布在阿里河、吉文等林业局。成虫和幼虫均危害榆树，是榆树的主要害虫之一。以成虫、幼虫取食叶片，将榆树叶片吃成网状眼，甚至把叶片啃光，致使树体提早落叶，严重时整个树冠一片枯黄，形同火烧，影响当年木材生长量。榆蓝叶甲化蛹前常群集树干上分泌黏液，致使树干发霉变黑、腐朽，影响景观环境。

寄主：榆树。

主要形态特征：成虫通体深蓝色，有强烈金属光泽。头部横阔，触角11节，1～6节较小，褐色；7～11节粗大，色深褐，有细毛。复眼黑色。前胸背板光滑，横阔，前缘呈弧形凹入。鞘翅上有刻点，略成行列。体腹面及足深蓝色，有金属光泽。幼虫体灰黄色。头黑褐色，有明显触角1对，前胸背板上有左右2个大褐斑；中胸背板侧缘有较大的乳状黑褐突起。突起顶端如瓶口，亚背线上有黑斑2个，前后排列。腹部1～7节的气门上线各有一黑褐色较小乳头状突起，在气门下线，各有1个黑斑，上有毛2根。腹部腹面各有黑斑6个，均有毛1～2根。腹端有黄色吸盘。

图53-1 榆蓝叶甲成虫

生物学特性：在东北、华北地区一年发生2代，山东及以南一年发生3代，均以成虫在石块、枯枝落叶层以及建筑物缝隙中越冬，翌年3月下旬至4月上旬越冬成虫开始上树危害。卵产于榆叶背面或小枝上，排成两行，一般20粒左右，卵期5～11天。4月底5月初开始出现第一代幼虫，幼虫分3龄，幼虫期23～27天，5月下旬至6月上旬幼虫老熟，爬至树干枝杈、树皮裂缝等处群集化蛹，蛹期10～15天。6月上旬或中旬出现第一代成虫，成虫期可持续30～33天。第二代卵始见于6月中下旬，6月下旬至7月上旬出现第二代幼虫，幼虫期22～30天。7月下旬第二代成虫开始羽化；8月中旬出现第三代幼虫，9月上旬第三代成虫出现。9月中旬后成虫不再取食，寻找适宜场所准备越冬，10月进入越冬休眠期。成虫有假死性。初孵幼虫群集卵壳周围剥食叶肉成网状，2龄后分散咬食成孔洞，3龄后食量大增。

防治历：1～3月，收集枯枝落叶，清除杂草，深翻土地，消灭越冬虫源。枯枝落叶层、杂草是成虫重要的越冬场所。榆蓝叶甲食性单一，种植榆树时应与其他树种混种，营造混交林。

4～7月中旬，可用毒笔在树干基部涂2个闭合圈，毒杀越冬后上树成虫。或喷洒50%杀螟松乳油或40%乐果乳油800倍液防治成虫。也可利用成虫的假死性，人工振落捕杀。4月上旬越冬成虫出土上树前，以5%吡虫啉乳油对树干注药，用量为每厘米胸径用药量1 mL。打孔注药一般在干基部距地面30 cm处钻孔，钻头与树干成45°角，钻6～8 cm深的斜向下孔。视树木胸径大小绕干钻3～5个孔，注药后以泥浆封孔。人工刮除榆树树干上的蛹及老熟幼虫，集中烧毁。

7月下旬～9月中旬，成虫集中在树上补充营养阶段，喷洒50%杀螟松乳油800倍液防治成虫。

对苗木的调出调入，必须严格检疫。注意保护和利用瓢虫、螳螂、蠋蝽等天敌。

54. 杨潜叶跳象 *Rhynchaenus elmpopulifolis* Chen

分布与危害：分布于北京、辽宁、内蒙古、吉林、河北、山西、山东、甘肃等地。内蒙古大兴安岭林区分布于毕拉河林业局。以幼虫潜食杨树叶，危害期最高可达7个月，使树叶变得千疮百孔，远看如"火烧"状，严重影响叶片正常光合作用和树木生长。特别是对行道树危害较重，尤以小叶杨最重。

寄主：杨树。

主要形态特征：成虫近椭圆形，黑至黑褐色，密被黄褐色短毛。喙粗短，黄褐色，略向内弯曲。触角黄褐色，眼大，彼此接近；鞘翅上被有尖细卧毛，小盾片具白色鳞毛。鞘翅各行间除1列褐长尖细卧毛外，还散布短细的淡褐色卧毛，行间隆起，有横皱纹。足黄褐色，后足腿节粗壮。幼虫老龄时体扁宽，无足，腹部两侧有泡状突。

生物学特性：一年发生1代。以成虫在树干基部的枯枝落叶层下及1～1.5 cm深的表土层内越冬。翌年春季杨树芽苞发绿时成虫出蛰活动，取食芽苞分泌的黏液补充营养，1周后交尾产卵。产卵前成虫在嫩叶叶尖背面的中脉两侧用口器咬出卵室，每卵室产1粒卵。幼虫孵化后即开始潜食叶肉，潜道黄褐色，宽1～2 mm，长30～50 mm，中央堆积1条深褐色粪便，从叶表可见幼虫体躯。幼虫老熟时在潜道末端做一直径2～6 mm的规则圆叶苞，食尽叶苞内叶肉后，随叶苞掉落地面。落地叶苞依靠其内幼虫的伸曲而不断弹跳，当弹跳到落叶层、石块下等潮湿处时，则不再弹跳，进入预蛹期。成虫能飞善跳、灵活，无趋光性。成虫取食后在叶背留下典型刻点被害状。

防治历：1～3月，人工清理越冬成虫。在幼林抚育管理时，利用人工收集落叶或翻耕土壤，减少越冬成虫基数。

4月，越冬成虫出蛰前，采用2.5%溴氰菊酯乳油2000倍液、40%氧化乐果500倍液、5%高效氯氟氰菊酯1000倍液等对树干基部地面喷施。越冬后出蛰前是最佳防治时期。药剂喷施在树干基部地面60 cm范围内即可。

4～5月，用1.2%苦参碱·烟碱烟剂7.5～30 kg/hm^2、2%敌敌畏烟剂7.5～15 kg/hm^2，或2.5%溴氰菊酯乳油与柴油按1∶20比例混合等喷烟防治越冬成虫。

5～6月，针对低龄幼虫采用25%灭幼脲Ⅲ号1500～2000倍液、3%高渗苯氧威2500～4000倍液、1.2%苦参碱·烟碱乳油800～1000倍液或1.8%阿维菌素3000～6000倍液等喷雾。老熟幼虫落地后，人工扫除销毁。杨潜叶跳象的简易检测方法是黄色黏胶板诱捕成虫监测。放烟和喷烟防治适于面积大、树高、郁闭度大的林地，宜早、晚无风或风速小于2 m/s的条件下进行。

注意对杨跳甲金小蜂、三盾茧蜂等寄生性天敌的保护。

图54-1　杨潜叶跳象成虫

图54-2　杨潜叶跳象成虫

图54-3　杨潜叶跳象幼虫的圆形包囊

图54-4　杨潜叶跳象危害状

55. 杨干象 *Cryptorrhynchus lapathi* Linnaeus

分布与危害： 分布于黑龙江、内蒙古、吉林、辽宁、河北、山西、陕西、甘肃、新疆等地。内蒙古大兴安岭林区主要分布在克一河、阿里河、吉文、绰源、毕拉河等林业局。主要以幼虫在树干内钻蛀危害，造成树木风折、生长衰弱，甚至大片死亡。杨干象扩散快、危害重，是杨树的毁灭性害虫。

寄主： 杨、柳、桤木及桦树等。

主要形态特征： 成虫黑褐色或棕褐色，无光泽。全体密被灰褐色鳞片，其间散布白色鳞片形成若干不规则的横带。前胸背板两侧、鞘翅后端1/3处及腿节上的白色鳞片较密，并混杂直立的黑色鳞片簇。喙基部着生3个横列的黑色毛束。鞘翅上各着生6个黑色毛束。喙弯曲，表面密布刻点，中央具一条纵隆线。触角9节呈膝状，棕褐色。鞘翅于后端的1/3处，向后倾斜，并逐渐缢缩，形成1个三角形斜面。臀板末端雄虫为圆形，雌虫为尖形。老熟幼虫乳白色，通体疏生黄色短毛，胸腹弯曲，略呈马蹄形。头部黄褐色，前胸具1对黄色硬皮板，胸、腹部侧板及腹板隆起，胸足退化。

生物学特性： 在东北地区一年1代，以初孵幼虫或卵越冬。翌年4月下旬幼虫开始活动，卵也相继孵化。6月中旬幼虫老熟化蛹，8月中旬成虫羽化交尾产卵。9月为羽化盛期，初孵幼虫侵害韧皮部，横向钻蛀坑道，在表皮有针状小孔排出黑褐色丝状物，枝干被害处增生形成"刀砍状"被害状。随着虫龄增长，幼虫钻入木质部，从树皮表面的孔中排出木丝屑。成虫羽化后，在嫩枝或叶片上取食补充营养，在枝上留下针刺状小孔，在叶背啃食叶肉成网眼状。成虫假死性强，卵产于叶痕和树皮裂缝中。产卵时咬产卵孔，每孔产1粒卵，并分泌黑色物将产卵孔塞住，每雌平均产卵44粒。成虫寿命30～40天。

防治历： 9月至翌年3月，幼虫有虫株率达50%以上已经失去防治价值的林分，应及早皆伐，清除虫源。

4月中旬～5月中旬，在树液开始流动时，用40%氧化乐果1份兑3份水配成药液，用毛刷在幼树树干2 m高处，涂10 cm宽药环1～2圈。此法适用于3～5年生幼树。另外，应严格检疫，及时清理虫害木并进行除害处理。

5月下旬～8月，幼虫危害树木，被害处有红褐色丝状排泄物，并有树液渗出时，用25%吡虫啉5份加80%敌敌畏1份兑水20份配成药液点涂侵入孔；也可用40%氧化乐果、60%敌马合剂30倍液用毛刷或毛笔点涂幼虫排粪孔和蛀食坑道，涂药量以排出气泡为宜；也可在侵入孔塞入磷化铝颗粒剂，然后用黏土封孔。

6～7月，成虫出现期，可人工喷洒1%绿色威雷微囊悬浮剂1000倍液、5%吡虫啉1000倍液等进行防治。清晨时振动树枝，将振落假死的成虫捕杀。每隔7～10天喷洒1次。

图55-1 杨干象成虫（背面）
（管理局森防站 张军生 摄）

图55-2 杨干象成虫（侧面）
（管理局森防站 张军生 摄）

图55-3 杨干象成虫（腹面）
（管理局森防站 张军生 摄）

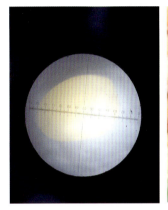

图55-4 杨干象卵
（阿里河林业局 王保利 摄）

图55-5 杨干象幼虫
（阿里河林业局 王保利 摄）

图55-6杨干象危害状（柳树）
（管理局森防站 张军生 摄）

图55-7 杨干象危害状（柳树）
（管理局森防站 张军生 摄）

图55-8 杨干象危害状（杨树）
（阿里河林业局 王保利 摄）

图55-9 杨干象危害生态照
（阿里河林业局 王保利 摄）

56. 樟子松球果象甲*Pissodes validirostris* Gyllenhyl

分布与危害： 樟子松球果象甲又叫樟子松木蠹象，属于鞘翅目象鼻虫科。国内分布在内蒙古呼伦贝尔、黑龙江；国外分布在俄罗斯西伯利亚、欧洲北部和中部。内蒙古大兴安岭林区主要分布在阿尔山林业局。该虫是严重危害樟子松球果的种实大害虫，可造成30%～50%的球果被害，严重时可造成90%球果被害。

寄主： 樟子松球果。

主要形态特征： 成虫体长5～7 mm，体宽2 mm，体淡红褐色，有时呈砖红褐色。头部不大，头管为红褐色圆柱形，略向下呈弯曲状，与前胸等长；触角为球杆状，呈膝状弯曲；复眼大，横阔。前胸背板基部狭于鞘翅，向前呈锥形缩小，后角呈直角，中央有条淡色隆线，此线两侧各有一小白斑。小盾片密被白色鳞片。鞘翅长，两侧平行，末端缩小，无光泽，体密被白色、红褐色及橙黄色的鳞片，在鞘翅上形成两条不规则的横带纹，一条在鞘翅的前半部中央，不太明显，另一条在后半部的中央，清晰的双色，内白外橙黄色。鞘翅基部和鞘翅缝附近白色鳞片较密。卵为圆形，直径0.7～0.9 mm，乳黄色，半透明；幼虫白色，无足，体圆筒形，呈"C"形弯曲，按头宽0.3～1.3 mm和体长0.7～9 mm分为5个龄期。蛹为乳白色裸蛹，体长6～7 mm，附肢紧贴身体，腹部能活动。

生物学特性： 在内蒙古大兴安岭地区一年发生1代，以成虫在枯枝落叶层下浅土层内和树皮裂缝内越冬。5月中下旬越冬成虫开始活动，5月下旬开始产卵，高峰期为6月中下旬。每雌产卵量为30粒左右，孵化高峰期为7月上中旬，7月下旬开始化蛹，9月上旬为化蛹末期。成虫于8月上旬开始羽化，9月中旬成虫开始越冬。卵期10～13天，幼虫期40～45天，蛹期10～15天，成虫期长达300

图56-1 樟子松球果象甲成虫（背面）
（管理局森防站 张军生摄）

图56-2 樟子松球果象甲成虫（腹面）
（管理局森防站 张军生摄）

天，最长达3年。幼虫分5个龄期。成虫有滞育的习性。

防治历：4月，根据预测预报情况制定防治方案，对不同发生区因地制宜，进行分区划类，分类施策。

5月中下旬，利用樟子松球果象甲成虫钻食松枝、嫩皮和幼果活动开始补充营养的习性，采用喷烟、喷粉或施放烟剂进行防治。

5月下旬～6月上旬，在樟子松球果象甲成虫活动时，可用1%甲维盐乳油2000倍液、1%苦参碱可溶性液剂800倍液或0.5%藜芦碱可溶性粉剂500倍液喷雾防治。

7月下旬～8月上旬，采集含有寄生樟子松球果象甲幼虫的曲姬蜂的球果（落地被害球果，象甲没有羽化，用铁沙网分层装好，通风以防腐烂，待象甲和棘梢斑螟全部羽化后集中消灭，保护好曲姬蜂的越冬）于第二年5月上旬投放到林地中开展生物防治。

57. 梨卷叶象 *Byctiscus betulae* Linnaeus

分布与危害：梨卷叶象又名梨卷叶象鼻虫。分布于辽宁、吉林、黑龙江、北京、河北、河南、江西等地。内蒙古大兴安岭林区主要分布于毕拉河、阿里河、甘河、吉文、克一河等林业局。早春成虫出蛰危害嫩芽和嫩叶，补充营养后将叶卷成筒状。雌虫将卵产在卷叶的包裹里。幼虫孵化后在卷叶内取食危害，致使受害叶片干枯或脱落。

寄主：杨、山楂、桦、苹果和梨树等。

主要形态特征：成虫有两种类型：一型呈青蓝色，微具光泽；另一型呈豆绿色，具金属光泽。身体被稀疏而极短的绒毛，两复眼间额部深凹。复眼很大，微凸出，略呈圆形。整个头部被以细而深的刻点。触角黑色，11节，棍棒状，先端3节密生黄棕色绒毛。鞘翅表面具不规则的深刻点列。列间间隔很窄，其间密具细刻点。尾板末端圆形，密被刻点。幼虫头棕褐色，全身乳白色，微弯曲。

生物学特性：一年发生1代，以成虫在地被物或表土层中越冬，4月下旬至5月上旬越冬成虫开始出土活动。成虫具假死性，遇惊动即落下。当杨树展叶后，成虫取食嫩叶补充营养后才开始交尾产卵，产卵前先把嫩叶或嫩枝咬伤，待叶萎蔫时雌虫开始卷叶产卵，叶片的结合处用黏液粘住。卵经6～7天于6月上旬孵化出幼虫。7月上中旬老熟幼虫从卷叶钻出，潜入土中5 mm处做土窝化蛹。8月上旬羽化出成虫，成虫出土上树，啃食叶肉补充营养，食痕呈条状。8月下旬成虫潜入枯树落叶层下或表土中越冬。

防治历：9月至翌年4月，对杨树、苹果、梨、山丁子、桦等树木进行虫害情况调查。

5～8月，人工捕杀成虫、幼虫。在树干下铺塑料布，利用假死性，人工振动树干捕杀落下的成虫。

5月下旬～6月上旬，在成虫活动盛期或成虫羽化盛期喷施1.2%苦参碱乳油2000倍液或1%阿维菌素乳油2000倍液等进行防治。梨树开花期禁止用药。

6月下旬，在幼虫孵化盛期人工摘除卷叶集中烧毁或挖坑深埋。

图57-1 梨卷叶象成虫
（管理局森防站 张军生摄）

图57-2 梨卷叶象卵
（乌尔旗汉林业局 苏桂云 摄）

图57-3　梨卷叶象产的卵
（乌尔旗汉林业局 苏桂云 摄）

图57-4　梨卷叶象危害状（桦树）
（管理局森防站 张军生 摄）

58. 山杨卷叶象*Byctiscus omissus* Voss

分布与危害： 国内分布于辽宁、吉林、黑龙江、内蒙古、陕西、甘肃等地；国外分布于俄罗斯。内蒙古大兴安岭林区分布在阿尔山、绰尔、绰源、乌尔旗汉、库都尔、图里河、根河、克一河、甘河、吉文、阿里河、大杨树、毕拉河等林业局。以成虫和幼虫危害叶片和嫩枝，成虫补充营养后将叶卷成筒状。雌虫将卵产在几片叶子形成的叶卷里。幼虫孵化后在叶卷内取食危害，致使受害叶片干枯或脱落。

寄主：杨、山楂、桦、苹果和梨树等。

主要形态特征： 成虫体绿色，具紫色金属光泽，喙、腿节、胫节均呈紫金色。喙前伸略弯曲，触角暗黑色，着生在喙的中部两侧。前胸背板具细而密的刻点，前部收窄，中央有一浅纵沟。鞘翅有刻点，肩后缢缩。足着生灰白色和灰褐色茸毛。卵黄色；幼虫体弯呈"C"形，乳白色，头赤褐色，体表具疏生的短毛。蛹黄白色。

生物学特性： 一年发生1代，以成虫在地被物或表土层中越冬，6月初越冬成虫开始出土活动。成虫具假死性，遇惊动即落下。当杨树展叶后，成虫取食嫩叶补充营养后才开始交尾产卵，产卵前先把嫩叶叶柄或嫩枝基部咬伤，待叶萎蔫时将卵产于一片叶尖部，再将3～5片叶子以卵为中心紧密地卷成筒状，一般一个叶卷里仅一枚卵，多的也有2枚。卵经6～7天于6月中旬孵化出幼虫。幼虫孵出后即在叶卷里取食，待卷叶干枯落地后，幼虫在土中做蛹室化蛹。8月上旬前后羽化出成虫越冬。

防治历： 5～8月，利用假死性人工捕杀成虫；根据被害状卷叶筒状，可以人工摘除卷叶，并集中烧毁或挖坑深埋。

6月上旬，在成虫期喷施1%阿维菌素乳油2000倍液或1.2%苦参碱2000倍液进行防治。

图58-1 山杨卷叶象 成虫（绿色型）　图58-2 山杨卷叶象成虫（紫铜色型）　图58-3 山杨卷叶象成虫迁移
（管理局森防站 张军生 摄）　　（管理局森防站 张军生 摄）　　（管理局森防站 张军生 摄）

图58-4 山杨卷叶象成虫腹面 　 图58-5 山杨卷叶象成虫危害状 　 图58-6 山杨卷叶象成虫危害状
（管理局森防站 张军生 摄） 　 （管理局森防站 张军生 摄） 　 （管理局森防站 张军生 摄）

图58-7 山杨卷叶象幼虫 　 图58-8 山杨卷叶象危害状 　 图58-9 山杨卷叶象危害状
（管理局森防站 张军生 摄） 　 （管理局森防站 张军生 摄） 　 （管理局森防站 张军生 摄）

59. 榛卷叶象*Apoderus coryli* (Linnaeus)

分布与危害：国内分布于辽宁、吉林、黑龙江、内蒙古、华北、陕西、甘肃、江苏、四川等地；国外分布于蒙古、朝鲜、日本、欧洲。内蒙大兴安岭林区分布在根河、绰源、乌尔旗汉、库都尔、图里河、克一河、甘河、吉文、阿里河、大杨树、毕拉河林业局。以成虫和幼虫危害叶片和嫩枝，成虫补充营养后将叶卷成筒状。雌虫将卵产在几片叶子的叶卷里。幼虫孵化后在卷叶内取食危害，致使受害叶片干枯或脱落。

寄主：榛、毛赤杨、柞、桦、榆和胡颓子等。

主要形态特征：成虫体长8～10 mm，头、胸、腹、足、触角黑色念珠状，端部膨大，鞘翅红褐色，略有金属光泽。但颜色有变异，前胸、足常呈红褐或部分红褐色。头长圆形，头管向基部收缩，而末端扩宽。眼突出，眼中间有额有窝。前胸背板基部宽大，向端部渐窄，基部及末端具缢缩。小盾片半圆形，在基部具2个凹陷。鞘翅肩后稍缩，而后外扩；刻点沟列大深，行间被横皱。雄虫眼后渐窄长，前胸呈匀称的圆弧形；雌虫眼后短，额颊沟两侧明显圆，前胸背板明显圆隆。卵椭圆形杏黄色；幼虫黄色，节间有峰凸状，胸足步泡突明显。蛹长约6 mm，橘黄色，体着生褐色刚毛，臀部末端有褐色几丁质刚毛。

生物学特性：一年发生1代，以成虫在地被物或表土层中越冬，5月末6月初越冬成虫开始出土活动，补充营养后完成交尾卷叶产卵。产卵前先咬伤叶柄及主脉，待叶萎蔫时开始卷叶，一般一个叶内包1～2粒卵，个别的包3～5粒卵。卵期5～7天。6月中旬幼虫孵化出来并在叶卷内取食。7月下旬化蛹，蛹期约7天。8月上旬羽化为成虫，9月上旬开始越冬。成虫没有趋光性，但具假死性，遇惊动即落下。

防治历：4～9月，加强榛子林的管理，通过调节树木密度，科学施肥、除草、浇水，改善林分环境，增强树势和抗病虫能力，减轻危害。

图59-1 榛卷叶象成虫
（管理局森防站 张军生 摄）

图59-2 榛卷叶象成虫相互竞争交配权
（管理局森防站 张军生 摄）

　　6～7月，利用榛卷叶象假死性人工捕杀成虫；根据被害状卷叶筒状，可以人工摘除卷叶，并集中烧毁或挖坑深埋。

　　在6月、7月、9月可采用触杀剂和胃毒剂，如阿维菌素、苦参碱、灭幼脲等生物农药进行叶面喷雾防治。

图59-3　榛卷叶象成虫正在卷叶
（管理局森防站 张军生 摄）

图59-4　榛卷叶象危害状
（管理局森防站 张军生 摄）

60. 榛实象 *Curculio dieckmanni* (Faust)

分布与危害：榛实象又称榛象或榛象鼻虫。分布于北京、辽宁、吉林、黑龙江、河北、内蒙古等地。内蒙古大兴安岭林区主要分布在毕拉河、大杨树、阿里河、吉文等林业局。

寄主：榛子、毛榛及柞树的果实和嫩枝。

主要形态特征：成虫体长6～8 mm，宽3～3.6 mm，体卵形，黑色，被褐色细毛和灰黄色鳞毛。头部半球形。基侧有大而圆形的黑色复眼。头管细长，向下弯曲，触角膝状，柄节细长，鞭节由7节组成。鞘翅的鳞片组成波状纹。鞘翅缝后半端散布近于直立的毛。雌虫喙长为前胸的3倍，雄虫为2倍，喙端部弯曲；触角着生于喙的中间稍前。前胸宽大于长，小盾片舌状，鞘翅具钝圆的肩，向后逐渐缩窄，行纹明显，后足长，腿节各有一齿。臀板中间有深窝。

生物学特性：两年发生1代，第一年以幼虫越冬，第二年10月成虫羽化，但仍在蛹室中越冬，第三年5月下旬即榛子雄花序绽开并授粉时成虫出土、交配和产卵。成虫羽化出来的不整齐。幼虫蜕皮3次，幼虫期21～34天，蛹期约12天，被害果落果时多数幼虫为3～4龄，在落果内发育完成幼虫阶段，并从落果中钻出进入30 cm深的土层中做蛹室越冬。

防治历：6～9月，在成虫补充营养期间，可用5%吡虫啉乳油进行喷雾防治；利用成虫假死性可人工捕杀防治；成虫发生期在7～8月，可在榛林内点放苦参碱烟剂熏杀成虫，因为成虫羽化不整齐，所以要连续熏杀2～3次。

9月，用50～55℃热水浸泡榛实15～30分钟，杀死各龄幼虫。也可将新脱粒的榛实放在密闭条件下熏蒸，用56%磷化铝片剂按21 g/m³用量处理24小时。

图60-1 榛实象成虫
（管理局森防站 张军生 摄）

图60-2 榛实象成虫危害状
（管理局森防站 张军生 摄）

61. 柳瘿蚊*Rhabdophaga salicis* (Schrank)

分布与危害：分布于黑龙江、吉林、辽宁、内蒙古、河南、山东、安徽、江苏、湖北等地。内蒙古大兴安岭林区北至满归，南达毕拉河、阿尔山，东到根河，正西至乌尔旗汉范围内均有分布。初孵幼虫就近扩散危害，从嫩芽基部钻入枝干皮下，6月下旬幼虫蛀入韧皮部，取食韧皮部和形成层。初次危害形成层的同时刺激了受害部位细胞畸形生长，出现轻度肿瘤；重复产卵，重复危害，引起新生组织不断增生，瘿瘤越来越大，呈纺锤形瘤状突起，俗称"柳树癌瘤"。虫口密度比较大时，树干生长很快衰弱，会在两三年内干枯死亡。

寄主：柳树。

主要形态特征：成虫紫红色或紫黑色，腹部各节着生环状细毛。触角灰黄色，念珠状，各节有轮生细毛。前翅膜质透明，卵圆形，翅基渐狭窄。老熟幼虫橘黄色，前胸有一"Y"状骨片。

生物学特性：一年发生1代，以成熟幼虫集中在树皮瘿瘤内越冬。翌年3月开始化蛹，3月下旬至4月中旬羽化为成虫，4月上旬为成虫羽化盛期，羽化时间在每日9:00～10:00，气温高则羽化多，尤其在雨后晴天羽化量大。成虫羽化后的蛹皮堆积在羽化孔上，极易发现。羽化后的成虫很快交配产卵。卵大多产在原瘿瘤上旧的羽化孔里，深度在形成层与木质部之间，每卵孔内产卵几十粒到几百粒不等。初孵幼虫就近扩散危害，从嫩芽基部钻入枝干皮下，6月下旬绝大部分幼虫蛀入韧皮部，取食韧皮部和形成层。由于连年危害，致使瘿瘤逐渐增大。

防治历：1～5月，对被柳瘿蚊危害较小或初期危害的树木，在冬季或在5月底以前，把危害部树皮刮下，或把瘿瘤锯下，集中烧毁。应结合冬季修剪枝条时进行。

3月下旬，用40%氧化乐果原液，兑水2倍涂刷瘿瘤及新侵害部位，杀死幼虫、卵和成虫。用塑料薄膜包扎涂药部位杀死效果更为明显。

4～5月，用25%噻虫啉50倍液在树干根基打孔，孔径为0.5～0.8 cm，深达木质部3 cm，用注射器注药1.5～2 mL；或刮皮涂药，毒杀瘿瘤内幼虫。注药后用泥浆将孔密封，防止药液向外挥发。操作时要注意安全。

6～9月，在柳树瘿瘤上钻2～3个孔，孔径为0.5～0.8 cm。深入木质部3 cm，然后用25%的噻虫啉或20%吡虫啉3～5倍液向孔注射1～2 ml。注药后用泥浆将孔密封，防止药液向外挥发。操作时要注意安全。

全年加强检疫，避免直接用柳干扦插造林，杜绝带虫苗出圃，禁止未经处理的带虫干枝外运。

11～12月，在成虫羽化前用机油乳剂或废机油仔细涂刷瘿瘤及新侵害部位，可杀死未羽化蛹和新羽化的成虫。涂抹时先刮去死皮，露出新鲜表皮，但最好别伤及表皮，并适当增加涂抹宽度。

图61-1 柳瘿蚊成虫
（引自《森保手册》）

图61-2 柳瘿蚊卵
（引自《森保手册》）

图61-3 柳瘿蚊危害状
（管理局森防站 张军生 摄）

图61-4 柳瘿蚊危害状及羽化孔
（管理局森防站 张军生 摄）

62. 落叶松球果花蝇*Strobilomyia laricicola* (Karl)

分布与危害：国内分布于东北、河北、山西等省区；国外分布于俄罗斯西伯利亚、欧洲部分、芬兰、奥地利等。在内蒙古大兴安岭林区分布于整个辖区范围内。2016年主要发生于中部林区的库都尔和北部林区的额尔古纳，轻度危害3204 kg种子，虫口密度为3%～8%。

寄主：落叶松、云杉。主要危害球果和种子。

主要形态特征：落叶松球果花蝇属于双翅目花蝇科，内蒙古大兴安岭林区共有6种球果花蝇，分别为落叶松球果花蝇、贝加尔球果花蝇、黑胸球果花蝇、斯氏球果花蝇、稀球果花蝇和黄尾球果花蝇，这几种花蝇成虫极其相似，像家蝇，体长4～5 mm，其卵为长椭圆形，乳白色，长约1.5 mm，中间略弯；幼虫为蛆形，乳白色，呈圆锥形，长8～10 mm。蛹为红褐色，长椭圆形，长约5 mm。

生物学特性：在内蒙古大兴安岭林区1年发生1代，5月初开始羽化，持续羽化的时间可以长达1个月，成虫寿命约为6天，卵产于球果中部的种鳞内，散产，每球果内一般为1～2粒卵，极少数产卵多达5枚。在落叶松开花后1周左右即可见到新产的卵。卵历期平均为10.2天。5月下旬开始孵化，幼虫为无头型，主要分布在球果中，取食种仁、种壳及果轴。幼虫危害期约为17天，每头幼虫平均危害15.1粒种子。6月下旬至7月上旬幼虫离开球果，钻入枯枝落叶层中化蛹越夏越冬，如果6月下旬下小雨，则大量花蝇幼虫离开球果转入地下。落叶松球果花蝇在不同的生境内危害率也不相同。花蝇对生境条件的要求具有双重性，即在大范围内需要较高温度的生境，在小范围内需要温度低、湿度大的生境。落叶松球果花蝇发育最理想的生境是南坡的上坡位，要求林分郁闭度大，树冠中部北侧或者林内及林缘。

防治历：4月下旬，给种子松土，浇水，可以破坏球果花蝇蛹的生存环境，使之大量死亡。

5月中旬，在球果花蝇羽化高峰期可以用苦参碱烟剂熏杀成虫。

5月下旬，在球果花蝇产卵高峰期，可以对所有母树进行打孔注药，每棵树用25%噻虫啉2倍液

图62-1 落叶松球果花蝇成虫
（管理局森防站 张军生 摄）

图62-2 落叶松球果花蝇成虫在落叶松上
（管理局森防站 张军生 摄）

在树干根基打孔，孔径为0.5～0.8 cm，深达木质部3 cm，用注射器注药2.5～5 mL。

7～8月，对虫害果进行人工摘除，可有效降低下一年球果被害率。

图62-3 落叶松球果花蝇幼虫
（引自《森保手册》）

图62-4 落叶松球果花蝇蛹
（引自《森保手册》）

图62-5 落叶松球果花蝇蛹正在羽化
（乌尔旗汉林业局 于昕 摄）

图62-6 落叶松球果花蝇
（引自《森保手册》）

63. 栎尖细蛾*Acyocercops brongniardella* Fabricius

分布与危害：栎尖细蛾俗称柞树潜叶虫、柞潜蛾，属鳞翅目细蛾科。分布于内蒙古、黑龙江、吉林、辽宁等地。内蒙古大兴安岭林区分布于阿里河、吉文、大杨树、毕拉河、绰尔等地。幼虫潜食叶肉，在叶片上形成黑褐色病斑状的大型潜痕，危害严重时整个叶片枯焦脱落，严重影响树木生长和质量。

寄主：蒙古栎等。

主要形态特征：成虫体银白色，前翅狭长，周缘有毛。后翅披针形，银白色，缘毛极长。老熟幼虫体扁平，黄白色。前胸背板乳白色，体节明显。

生物学特征：栎尖细蛾在内蒙古大兴安岭林区一年发生2~3代，均以蛹在茧内于枯枝落叶层中越冬。成虫于5月中下旬羽化后开始产卵于蒙古栎的新发的嫩叶上。成虫有趋光性。羽化当天即可交尾产卵。卵一般与叶脉平行排列。每个卵块2~3行，每头雌虫产卵量平均40粒。幼虫孵出时，从卵壳底面咬破叶片，潜入叶内取食叶肉。初孵幼虫不能穿过叶脉，但老熟幼虫可以穿过侧脉潜食，在被害处形成银色线形虫斑，虫斑逐渐扩大，常由多个虫斑相连成大斑，往往1个大斑占叶面的1/3以上。幼虫老熟后从叶正面咬孔而出，吐丝结茧，经过1天左右化蛹。越冬茧以枯枝落叶层中最多，生长季节多在叶背面。

防治历：10月至翌年4月，在林地内利用地表火烧除带虫落叶，杀灭落叶中的虫蛹。或人工扫除枯落物后集中烧毁。

5~9月，在幼虫期喷洒1%阿维菌素具有内吸作用的杀虫剂2000~3000倍液。或用烟参碱烟剂晨昏时放烟雾熏杀。

虫情观测：在幼虫侵入期，出现小白点时是最佳防治时期。

在成虫发生期设置黑光灯诱杀，成虫对黑光灯有较强的趋向性。

图63-1 栎尖细蛾成虫
（管理局森防站 张军生 摄）

图63-2 栎尖细蛾叶片危害状
（管理局森防站 张军生 摄）

图63-4 栎尖细蛾危害状
（管理局森防站 张军生 摄）

64. 杨白纹潜蛾 *Leucoptera susinella* Herrich-Schaffer

分布与危害： 分布于黑龙江、吉林、辽宁、河北、内蒙古、山东、上海、河南、甘肃等地。幼虫潜食叶肉，在叶片上形成黑褐色病斑状的大型潜痕，危害严重时整个叶片枯焦脱落，对幼苗、幼树威胁很大，严重影响苗木生长和苗木质量。

寄主： 杨属的多种杨树。

主要形态特征： 成虫体银白色，前翅棒状，周缘有毛。顶端有2条金黄色条纹，1个深色金黄点和1丛黑色鳞毛束；触角基部形成大的"眼罩"。前翅银白色，前缘近中央一波纹状斜带伸向后缘，近端部有褐色纹4条，1～2条、3～4条之间呈淡黄色，2～3条之间呈银白色。臀角上有一黑色斑纹，斑纹中间有银色凸起，缘毛前半部褐色，后半部银白色；后翅披针形，银白色，缘毛极长。雄虫与雌虫的区别，复眼黑色，常被触角鳞毛覆盖。老熟幼虫体扁平，黄白色。头部及胴部每节侧方生有长毛3根。前胸背板乳白色。体节明显，腹部第三节最大，后方各节逐渐缩小。

生物学特征： 杨白潜蛾在河北（易县）、山西（忻县）一年发生4代，在辽宁一年发生3代，均以蛹在茧内越冬。在河北和北京一带，除落叶上有少量越冬茧外，多数在欧美杨和柳树的树皮缝内、唐柳的树干鳞形气孔上越冬。翌年4月中旬，杨树放叶后，成虫羽化（辽宁在5月下旬、忻县在5月中旬出现越冬代成虫）。成虫羽化时，通常先停留在杨树叶片基部腺点上（可能吸食腺点上的汁液）。成虫有趋光性，羽化当天即可交尾产卵。卵一般与叶脉平行排列。每个卵块2～3行，每头雌虫产卵量平均为49粒。幼虫孵出时，从卵壳底面咬破叶片，潜入叶内取食叶肉。幼虫不能穿过叶脉，但老熟幼虫可以穿过侧脉潜食。被害处形成黑褐色虫斑，虫斑逐渐扩大，常由2～3个虫斑相连成大斑，往往1个大斑占叶面的1/3～1/2。幼虫老熟后从叶正面咬孔而出，吐丝结"工"字形茧，经过1天左右化蛹。越冬茧以树干上树皮裂缝中为多，生长季节多在叶背面。单株树干上的茧绝大多数集中在树干阳面。

防治历： 1～4月，组织人员扫除落叶，集中烧毁，杀灭落叶中的虫蛹。4月份时将树干涂白，可杀死越冬茧、蛹。

5～9月，幼虫期可喷洒蛀虫清内渗性杀虫剂500～800倍液或1.2%苦参碱乳剂1500～2000倍液，或

图64-1 杨白纹潜蛾成虫
（莫尔道嘎林业局 于勇华 摄）

图64-2 杨白纹潜蛾成虫腹面
（莫尔道嘎林业局 于勇华 摄）

1%阿维菌素乳剂灭杀幼虫及成虫。

虫情观测：在幼虫侵入期，出现小黑斑是最佳防治时期。

在成虫发生期设置黑光灯诱杀。成虫对黑光灯有较强的趋向性。

图64-3 杨白纹潜蛾蛹
（管理局森防站 王鹏 摄）

图64-4 杨白纹潜蛾危害状
（莫尔道嘎林业局 于勇华 摄）

图64-5 杨白纹潜蛾危害状
（莫尔道嘎林业局 于勇华 摄）

图64-6 杨白纹潜蛾危害状生态照
（莫尔道嘎林业局 武彦辉 摄）

65. 白杨透翅蛾 *Sphecia siningensis* Hsu

分布与危害：分布于北京、天津、河北、山西、内蒙古、辽宁、吉林、黑龙江、上海、江苏、安徽、山东、河南、四川、陕西、甘肃、青海、宁夏、新疆等地。内蒙古大兴安岭林区主要分布在温河和绰源林业局。主要以幼虫蛀食树干、枝条。枝梢被害后枯萎下垂，抑制顶芽生长，徒长侧枝，形成秃梢，尤其是苗木主干被害处形成瘤状虫瘿，易遭风折。

寄主:杨、旱柳等。

主要形态特征：成虫头和胸之间有橙色鳞片围绕，头顶有1束黄色毛簇。腹部背面有青黑色且有光泽的鳞片覆盖。中后胸肩板各有2簇橙黄色鳞片。前翅窄长，褐黑色，中室与后缘略透明。后翅全部透明。腹部青黑色，有5条橙黄色环带。雌蛾腹末有黄褐色鳞毛1束。初龄幼虫淡红色，老熟时黄白色。背面有2个深褐色刺，略向背上前方钩起。成虫羽化时，遗留下的蛹壳经久不掉。

生物学特性：该虫在华北地区一年发生1代，以幼虫在枝干虫道内越冬，翌年4月上旬恢复取食。5月末开始化蛹，幼虫化蛹时先在距羽化孔约5 mm处吐丝把坑道封闭，并在坑道末端做圆筒形蛹室，6月初成虫开始羽化，羽化后蛹壳仍留在羽化孔处。成虫喜光，飞翔力很强，羽化当天即交尾产卵，卵量很大，卵多单产于1～2年生幼树的叶腋、叶柄基部、伤口、树皮裂缝等处，卵期8～17天。幼虫多在组织幼嫩、易于咬破的地方蛀入树皮下，在木质部和韧皮部之间钻蛀虫道危害，被害处形成瘤状虫瘿，随着幼虫的发育钻入髓部，开凿隧道。9月下旬开始越冬。

防治历：1～4月，在冬季幼虫休眠期及时剪除虫瘿并集中销毁。春季造林引进或输出苗木时，要严格检疫。

5～8月，当幼虫初蛀入树干时，发现有蛀屑或小瘤，要及时剪除或用刀砍削掉。幼虫侵入后，可用三硫化碳棉球塞住蛀孔，孔外堵塞黏泥；也可在树干、枝上涂抹溴氰菊酯泥浆（2.5%溴氰菊酯乳

图65-1 白杨透翅蛾成虫

油1份，黄黏土5～10份，加适量水和成泥浆）毒杀初孵幼虫。初孵幼虫尚未钻入树干时，在树木枝干上喷洒敌敌畏500～1000倍液防治，每10天喷施1次。

6～12月，利用性信息素制成诱捕器诱杀成虫，放置高度为1.2～1.6 m，每0.2 hm^{2}挂1只诱捕器。成虫羽化盛期可采取烟参碱烟剂林间施放杀灭成虫。秋后修剪时将虫瘿剪下后集中烧毁。带有虫瘿、侵入孔、排泄孔和虫粪的苗木、种条要经过处理才可用于造林。

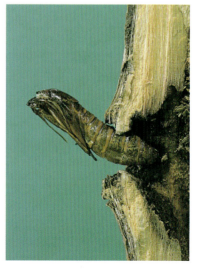

图65-2 白杨透翅蛾蛹及危害状

66. 稠李巢蛾*Yponomeuta evonymellus* (Linnaeus)

分布与危害： 国内分布于东北和华北地区的黑龙江、吉林、辽宁、河北、山西、山东等省；国外分布于欧洲、俄罗斯、日本、朝鲜及蒙古等国。内蒙古大兴安岭林区均有分布。近年来在内蒙古大兴安岭林区的满归、金河、阿龙山、根河、克一河等林业局发生较为严重。幼虫拉网成大丝巢，在网内取食叶片，常发生在林缘和城市绿化林内，严重时树叶全部被吃光，影响树木生长和园林景观。

寄主： 稠李、苹果、卫矛。

主要形态特征： 稠李巢蛾为小蛾类，其体长约为7.6 mm，翅展约23 mm，全体白色，前翅有45～50个黑点，大致排列成5行。后翅灰褐色，翅间缘毛灰白色，其他部分灰褐色。成虫通体白色，胸背黑点4个；前翅狭长，具40多个小黑点，排列成5列；近外缘处有较细的黑点10个，成横列排列，前翅反面为灰黑色；缘毛和前缘为白色。后翅灰黑色，缘毛为淡灰黑色。卵主要产在稠李的枝条上，呈块状，上面覆盖了一层薄胶物，与树皮色相似，不容易被发现。老熟幼虫体长约15 mm，头壳宽约1.3 mm，灰白色，头部、前胸硬皮板、腹足及臀板均为黑色；各腹节背部均有黑斑4个，前2个大，后2个小，排列成2纵行。进入预蛹的幼虫体色呈灰白色或浅黄色。蛹体长近10 mm，蛹在丝巢中呈纺锤状，棕黄色或白色，蛹外面被有白色的丝茧，腹部末端无臀刺。

生物学特性： 一年发生1代，以幼龄幼虫在卵壳覆盖物下越冬。翌年4月下旬稠李发叶时出蛰，群集于新芽和嫩叶上危害，并吐丝缀叶成巢，幼虫在巢内将嫩叶食光后再更换新叶重新做吐丝巢，继续危害。危害严重时，只见树上一个个丝巢，而见不到完整叶片。6月中旬老熟幼虫在丝巢内开始集中在一起结茧化蛹。6月下旬7月上旬成虫羽化。成虫产卵于当年生枝条芽附近。成虫有趋光性。随着寄主植物的生长以及幼虫的增大，网巢逐渐增大，笼罩整个寄主树冠，把网巢内叶片食光。成虫具有趋光性。

防治历： 1～4月，人工剪除卵块或网幕（虫巢），集中烧毁。幼龄幼虫期是剪除网幕的最佳时期。

图66-1 稠李巢蛾成虫（侧面）
（毕拉河林业局 汪大海摄）

图66-2 稠李巢蛾成虫（背面）
（毕拉河林业局 包鹏 摄）

5～8月，使用20%吡虫啉5000倍液、Bt乳剂800倍液、25%灭幼脲Ⅲ号2000倍液或1%阿维菌素2000倍液等喷雾防治幼虫。在幼虫幼龄期施药效果好，最好先破坏网幕再施药。

7月，在蛹期可以采取人工摘除网幕法进行防治。

7月中下旬～8月中旬，利用成虫的趋光性，采用杀虫灯进行诱杀。也可以利用信息素诱杀防治成虫或干扰成虫交配，以减少下一代虫口密度。

8月至翌年5月，可以人工砸压破坏树枝及枝干上的卵囊。

图66-3 稠李巢蛾成虫（枝条）
（阿里河林业局 王义范 摄）

图66-4 稠李巢蛾成虫（树叶）
（金河林业局 王琪 摄）

图66-5 稠李巢蛾卵块
（阿龙山林业局 纪仁艳 摄）

图66-6 稠李巢蛾卵块
（金河林业局 王琪 摄）

图66-7 稠李巢蛾幼虫
（根河林业局 王敬梅 摄）

图66-8 稠李巢蛾幼虫
（根河林业局 王敬梅 摄）

图66-9 稠李巢蛾蛹
（得耳布尔林业局 徐向峰 摄）

图66-10 稠李巢蛾蛹
（阿龙山林业局 徐贵臣 摄）

图66-11 稠李巢蛾危害状
（阿龙山林业局 徐贵臣 摄）

图66-12 稠李巢蛾危害状
（阿里河林业局 王保利 摄）

67. 苹果巢蛾 *Yponomeuta padella* Linnaeus

分布与危害：分布于黑龙江、吉林、辽宁、内蒙古、河北、山东、山西、陕西、甘肃、青海、新疆等地。内蒙古大兴安岭林区辖区内均有分布。以幼虫结网取食叶片危害，危害严重时影响树木的生长，甚至造成树木死亡。

寄主：山丁子、苹果、沙果、海棠、山楂，也取食樱桃、梨、杏及其他木本蔷薇植物。

主要形态特征：成虫白色，通体有丝质的银色闪光。丝状触角，黑白相间，胸背有5个黑点；前翅白色带灰，狭长，有小黑点约40个，排列成不规则的4列，近前缘2列靠得很近，第一列端半部和第2列基半部消失，沿中室下方和后缘各1列，翅端散布小黑点7～10个；外缘毛和后翅灰褐色。老龄幼虫黑灰褐色，单眼排成"1"字形，第一至第八腹节背面各有黑点2个。

图67-1 苹果巢蛾 成虫（雌）
（毕拉河林业局 包鹏 摄）

图67-2 苹果巢蛾成虫（雄）
（毕拉河林业局 包鹏 摄）

图67-3 苹果巢蛾幼虫
（毕拉河林业局 顾维林 摄）

生物学特性：一年发生1代，幼虫5龄，各龄期为4～12天，平均9天。1龄幼虫在卵壳下越夏、越冬。5月中旬开始出壳危害。越冬后的幼虫从卵壳的一端开1个小孔钻出开始危害。遇早春乍寒时，出蛰幼虫还可再度潜入卵壳内。出蛰幼虫成群地将嫩叶用丝缚在一起，取食叶肉、留下表皮而干枯。小幼虫在干枯而卷曲的叶肉栖息。随着幼虫生长，吐丝缠绕枝叶成丝巢，将巢内叶片食尽，再进一步扩大丝巢，形成很大的网巢。严重时，整个树冠形成丝巢，幼虫取食危害约40天。幼虫老熟后，6月中下旬陆续在巢内吐丝结薄茧化蛹。预蛹期约3天，蛹期约11天。7月初为羽化盛期，产卵延至7月末结束。早期所产卵块于8月初陆续孵化。卵期约为14天。

防治历：1～4月，针对幼虫，可在冬季修剪时，剪除卵鞘集中销毁，减少越冬虫源。

5～8月，针对幼虫、蛹、成虫，可使用25%灭幼脲Ⅲ号2000倍液、0.9%阿维菌素2000倍液或Bt乳剂800倍液等喷雾防治。根据苹果巢蛾群集结网和在网巢中化蛹的特点，在春季和发生期人工捕杀幼虫和蛹，摘除被害虫巢。保护跳小蜂、大腿小蜂、寄蝇等天敌。化学防治应在发芽期和花序分离期进行。幼虫已结巢，喷药前应挑开网巢，否则防治效果不佳。

9～12月，冬季修剪时，剪除卵囊及越冬幼虫的保护鞘，可有效降低越冬虫源。

68. 卫矛巢蛾*Yponomeuta polystigmellus* Felder

分布与危害： 卫矛巢蛾属于鳞翅目巢蛾科。分布于黑龙江、吉林、辽宁、内蒙古、河北、山东、山西等地。以幼虫结网取食叶片危害，危害严重时影响树木的生长，甚至造成树木死亡，降低了绿化率和观赏价值。

寄主： 卫矛、花椒、栎树。

主要形态特征： 成虫白色，通体有丝质的银色闪光。触角丝状，复眼黑色，胸背面白色，有5个小黑点，前缘3个，后缘2个；前翅白色有3～4排小黑点，每排10～13个，外缘生3排小黑点，后翅灰色，缘毛白色。雄成虫腹部黄色，腹末端尖，抱握器明显；幼虫腹末黄绿色，腹末圆。卵椭圆扁平，乳白色，约0.4 mm，表面有纵纹。幼虫5龄，初乳幼虫长约1 mm，体浅黄色，前胸背板黑色；2龄幼虫长约3 mm，体黄色，毛瘤明显；3龄幼虫体长约7 mm；4龄幼虫体长约10 mm；老龄幼虫体长约20 mm。3～5龄幼虫体淡绿色，头胸足黑色，体背中为灰黄色，前胸背板后缘两侧为灰黑色，中后胸各有4个毛瘤，胸部每节有6个毛瘤，臀板黑色。蛹初为翠绿色，复眼褐色，翅芽黄色，3天后复眼黑色，翅芽白色，羽化前翅芽上清楚可见黑色小点。茧白色丝质，纺锤形。

生物学特性： 一年发生1代，幼虫5龄，各龄期为5～12天，幼虫期为40天左右。6月中旬始见蛹，蛹期12天左右。7月初成虫出现。7月中旬为成虫羽化盛期。成虫多在夜间活动，趋光性弱，喜欢将卵产于叶背近叶柄的部位或嫩枝上，每块卵约30粒。以1龄幼虫在树皮缝、叶腋处结白色丝茧越冬，5月中下旬越冬后的幼虫从卵壳的一端开1个小孔钻出开始危害。出蛰幼虫成群地将嫩叶用丝缚在一起，取食叶肉，只留下干枯的表皮。小幼虫在干枯而卷曲的叶肉栖息。随着幼虫生长，吐丝缠绕枝叶成丝巢，将巢内叶片食尽，再进一步扩大丝巢，形成很大的网巢。严重时，整个树冠形成丝巢，幼虫取食危害约40天。卵期约为10天。

防治历： 1～4月，冬季修剪时，剪除幼虫的虫茧，减少越冬虫源，集中销毁。

5～8月，幼虫、蛹、成虫期间，用25%灭幼脲Ⅲ号2000倍液、1%阿维菌素2000倍液或Bt乳剂

图68-1 卫矛巢蛾成虫

图68-2 卫矛巢蛾老熟幼虫
（管理局森防 张军生 摄）

800倍液等喷雾防治。根据卫矛巢蛾群集结网和在网巢中化蛹的特点，在春季和发生期人工捕杀幼虫和蛹，摘除被害虫巢。

幼虫已结巢，喷药前应挑开网巢，否则防治效果不佳。保护跳小蜂、大腿小蜂、寄蝇等天敌。化学防治应在发芽期和花序分离期进行。

9～12月，冬季修剪时，剪除卵囊及幼虫的茧鞘，减少越冬虫源数量。

图68-3 卫矛巢蛾老熟幼虫
（管理局森防 张军生 摄）

图68-4 卫矛巢蛾老熟幼虫正在吐丝结茧
（管理局森防 张军生 摄）

69. 兴安落叶松鞘蛾 *Coleophora obducta* (Meyrick)

分布与危害：分布于辽宁、吉林、黑龙江、河南、河北、内蒙古等地。以幼虫负鞘取食针叶，食光叶肉，残留叶的表皮。被害树冠远看呈灰白色，如下霜一般，严重时整株树冠变赤褐色，如同火烧，严重影响树木生长。

寄主：兴安落叶松、长白落叶松、日本落叶松和华北落叶松。

主要形态特征：小型蛾，体翅均暗灰色，翅细长，具银灰色鳞片，长缘毛，后翅更长。成虫触角26～28节，雄虫比雌虫常多1节。前翅多呈灰色，其顶端1/3部分颜色稍浅；后翅颜色比前翅稍深或与前翅相似。幼虫、老熟幼虫黄褐色，前胸盾黑褐色，闪亮光。由于中纵沟与横沟分割，使前胸盾呈"田"字形。卵巢长圆形。

生物学特征：一年发生1代，以3龄幼虫在受害树叶残片吐丝制成鞘，在短枝分枝处及芽腋或树皮缝内越冬。翌年春4月中下旬越冬幼虫开始活动，5月上旬开始化蛹，中旬为化蛹盛期，6月上旬成虫羽化，中旬达到羽化盛期。8:00～10:00为羽化高峰期。成虫交尾1次，交尾后1天便可产卵，产卵量平均为18粒。6月下旬开始孵化。1～2龄幼虫无鞘，取食针叶，3龄幼虫开始在叶内制鞘，制鞘后藏身鞘内，取食松叶时头部探出鞘外背负鞘取食，9月下旬至10月上旬，当气温缓降时，仍有幼虫负鞘活动，若气温逐渐下降则无幼虫活动并开始越冬。

防治历：4月，开展越冬后虫情调查，制定防治方案。

5月，开展越冬后幼虫的人工喷雾，可使用25%灭幼脲Ⅲ号胶悬剂或1.2%苦参碱•烟碱乳油1000～2000倍液防治，或用阿维菌素、灭幼脲、苦参碱等药剂开展飞机喷洒防治。

6月，可用苦参碱烟剂或用0.9%阿维菌素乳油与零号柴油按1：25配比后276 mL/hm^{2}喷烟熏杀成虫。喷烟时风速要在1.5 m/s以下，在林内以风速0.3～1 m/s为宜，时间以清晨东方快要发白至太阳出来前这一段时间和傍晚日落前1小时至22:00为最佳喷烟时机。按顺风方向喷药，药液务必向上喷施到树梢。喷药时要掌握天气变化情况，注意风速、风向，一般风速超过3 m/s应停止作业。可以在6月下旬开展灯光诱杀和性引诱剂干扰交配的措施防治成虫。

9月至翌年4月，人工悬挂鸟巢箱，并对旧巢箱进行清巢处理，有利于春夏季招引食虫鸟进行生物防治。

图69-1 兴安落叶松鞘蛾成虫（雌）　图69-2 兴安落叶松鞘蛾成虫（雄）　图69-3 兴安落叶松鞘蛾卵（1枚）
（绰尔林业局 孙金海摄）　　（绰尔林业局 孙金海摄）　　（绰尔林业局 李雅琴摄）

图69-4　兴安落叶松鞘蛾卵（多枚）
（绰尔林业局 李雅琴 摄）

图69-5　兴安落叶松鞘蛾幼虫
（绰尔林业局 孙金海 摄）

图69-6　兴安落叶松鞘蛾幼虫
（绰尔林业局 孙金海 摄）

图69-7　兴安落叶松鞘蛾蛹
（绰尔林业局 孙金海 摄）

图69-8　兴安落叶松鞘蛾针叶被害状
（绰尔林业局 孙金海 摄）

图69-9　兴安落叶松鞘蛾整株被害状
（绰尔林业局 孙金海 摄）

图69-10　兴安落叶松鞘蛾危害状生态照
（绰尔林业局 孙金海 摄）

图69-11　兴安落叶松鞘蛾危害状航空照
（大兴安岭图片社 赵武 摄）

70. 芳香木蠹蛾东方亚种*Cossus cossus orientalis* Gaede

分布与危害：分布于黑龙江、吉林、辽宁、内蒙古、河北、北京、天津、山东、河南、山西、陕西、宁夏、青海、甘肃等地。幼虫蛀入枝、干和根颈的木质部内危害，蛀成不规则的坑道，造成树木的机械损伤，破坏树木的生理机能，使树势减弱，造成枯梢或枝、干遇风折断，甚至整株死亡。

寄主：毛白杨、新疆杨、小青杨、北京杨、胡杨、欧美杨、沙兰杨、旱柳、垂柳、龙爪柳、白榆、家榆、槐树、刺槐、桦树、山荆子、白蜡、稠李、梨、桃及丁香等。

主要形态特征：成虫灰褐色，粗壮。头顶毛丛和领片鲜黄色，翅基片和胸部背面土褐色，中胸前半部为深褐色，后半部白、黑、黄相间，后胸有条黑横带；前翅前缘具8条短黑纹。成虫分黄褐色和浅褐色2种色型。老熟幼虫体粗壮、扁圆筒形。头黑色，体背紫红色，腹面桃红色；前胸背板有一倒"凸"字形黑斑，黑斑中央具一白色纵纹，中胸背板具一深褐色长方形斑，后胸背板具2个褐色圆斑。

生物学特性：该虫在宁夏、甘肃为二年1代，跨3个年度，经过2次越冬。多数以幼虫在薄茧内越冬。5月上旬成虫开始羽化。5月中旬至6月下旬为成虫羽化盛期。成虫羽化后寻觅杂草、灌木、树干等场所静伏不动，成虫白天潜伏，夜间活动，以夜晚20:00~24:00活动最为频繁，交尾、产卵。交尾后即行产卵。卵多产于树冠干枝基部的树皮裂缝及旧蛀孔处。卵单粒或成堆，35~60粒为1块，无被覆物。雌虫平均产卵580粒。卵期13~21天。初孵幼虫喜群居，蛀食树干、枝韧皮部，随后进入木质部。被害枝干上常见幼虫排出的粪堆及白色或赤褐色木屑。第二年3月下旬出蛰活动，4月上旬至9月下旬。中龄幼虫常数头在一虫道内危害，此为该虫危害最严重时期。至秋末，幼虫发育到15~18龄老熟后，陆续由排粪孔爬出，坠落地面，寻觅向阳、松软、干燥处，钻入土深33~60 mm处作薄茧越冬。第三年春在土壤里越冬后的幼虫离开越冬薄茧，重做化蛹茧。幼虫化蛹前体色由紫红色渐变为粉红色至乳白色。成虫羽化前，蛹体以刺列蠕动至地表。蛹期：雌蛹27~33天，雄蛹30~32天。成虫羽化后，蛹壳半露于地表，明显易见。

防治历：10月至翌年4月，清除受害严重的虫源木或受灾严重的林带。剪除被害枝梢。伐除的幼虫或蛹虫害木要及时除害处理。加强林分抚育管理，防治机械损伤。虫害木除害处理可采取熏蒸、破板加工、水浸等方法，要随时伐随时进行。可采用磷化铝（6 g/m³）、硫酰氟（40~60 g/m³）在塑料帐幕内熏蒸3~7天或水浸泡30~50天。多选用抗性树种，也可以采取多树种配置模式营造混交林。

5月中旬~8月中旬，利用黑光灯、性信息素诱杀成虫。每天20:00~23:00成虫羽化高峰期，连续用黑光灯或悬挂芳香木蠹蛾性信息素诱芯诱捕器进行诱杀。悬挂高度约1.5 m，间距60~80 m。可用2.5%溴氰菊酯1500~2000倍液、1.2%苦参碱·烟碱乳油800~1000倍液、10%吡虫啉乳油1500~2000倍液、Bt乳剂500~800倍液或20%除虫脲5000~8000倍液等喷雾防治初孵幼虫。也可在树皮裂缝及旧蛀孔处喷施药剂。

5～9月，使用10%吡虫啉乳油或氯胺磷乳油100～500倍液，在干基打孔注药（0.3 mL/cm胸径）防治幼虫和蛹。在干基距地面30 cm处，钻与树干成45°角、6～8 cm深斜向下的孔，注药后以泥浆封孔。也可将56.5%～58.5%磷化铝片剂（每片3.3 g），按每虫孔1/20片剂量填入树干或根部木蠹蛾虫孔内，或用毒签或棉团蘸药塞入虫孔，外敷黏泥。堵孔时需将蛀孔中的粪便和木屑去除，投注药后以泥浆封孔。操作时必须确保安全。

6～7月，人工钩杀主干和较大枝条虫道内的幼虫。

8～9月，人工挖茧。老熟幼虫自枝干内出来准备入土越冬在地面爬行时，组织人力及时进行搜杀。保护和利用天敌控制危害和蔓延。树干刮除老皮，刷白涂剂。招引啄木鸟，释放寄生蜂。

图70-1 芳香木蠹蛾成虫
（库都尔林业局 王桂环 摄）

图70-2 芳香木蠹蛾成虫
（绰尔林业局 孙金海 摄）

图70-3 芳香木蠹蛾低龄幼虫
（阿里河林业局 李思 摄）

图70-4 芳香木蠹蛾老熟幼虫
（乌尔旗汉林业局 苏桂云 摄）

71. 沙棘木蠹蛾 *Holcocerus hippophaecolus* Hua, Chou, Fang et Chen

分布与危害： 沙棘木蠹蛾是我国三北地区的特有种，主要分布在内蒙古、辽宁、山西、陕西、宁夏、河北等地。主要寄生于20年以上的沙棘上，以幼虫蛀食根茎以下及主根、大侧根韧皮部和木质部，破坏输导组织而导致树势衰弱，造成沙棘整株和成片大面积死亡，是沙棘的毁灭性害虫。

寄主： 沙棘、沙柳、榆、山杏、沙枣等。

主要形态特征： 成虫体粗壮，灰褐色。前翅灰褐色，翅面密布黑褐色条纹，亚外缘线黑色，明显，外横线以内从中室至前缘处黑褐色。后翅浅灰色，翅面无明显条纹。初孵幼虫体色为淡红色，逐渐变成红色，头部黑色，前胸背板骨化，呈褐色，生有1个黑褐色至浅色"B"形斑痕。

生物学特性： 四年发生1代，以幼虫在被害沙棘根际主根和大侧根的蛀道中越冬，翌年春季开始活动继续取食危害，6月老熟幼虫爬出蛀孔入土化蛹，7月羽化出成虫并交尾产卵，7月下旬幼虫孵化，10月下旬幼虫越冬。成虫具较强的趋光性，飞行迅速，在20:00～24:00集中出现并交尾，平均产卵500粒，卵产在树干基部树皮裂缝和靠近根基的土中，每次产15～186粒，卵期平均25天。卵孵化后初孵幼虫钻入树皮，并向下蛀食，到第二年可钻入心材危害，并将木屑、虫粪从侵入孔排出。因四年1代，经48个月，13个龄期，幼虫同期大小不整齐，分为1年群、2年群，以此类推。老熟幼虫一般在树冠周围15 cm深土中做薄茧化蛹，蛹期30天左右。

防治历： 4～10月，针对幼虫，在沙棘树干距离地面30 cm处涂毒环（杀灭菊酯），毒环宽度为4 cm，每隔30天进行1次树干涂药。该方法适合在沙棘种植园使用。在树干基部用小锄划5～10 cm深的环状沟，用40%杀螟松1000倍液、10%吡虫啉（康福多）1000倍液或2.5%溴氰菊酯2000倍液等浇根。浇药后将树盘土覆回。也可喷洒1×10⁸个/ mL的白僵菌孢子悬浮液，或Bt-7A制剂50倍液或36倍液，主要喷树干下部。每公顷用量不应少于750 kg。应在温度25℃、相对湿度90%的条件下，尤其雨后湿润的天气施放。喷洒至孢子液滴下来为止。用注射器向排粪孔内注射高效氯氰菊酯5倍稀释液10 mL，覆土。将地表虫粪及部分土壤清除，露出排粪孔。

4月或11月，带状间伐或皆伐挖根更新树种，要连根挖除干净，就地烧毁。

图71-1 沙棘木蠹蛾成虫
（克一河林业局 张龙国 摄）

　　5～8月，沿干基紧贴根皮向下扎深8～10 cm的孔，施以磷化铝。每株树施药量为1.6 g，踏实或覆膜防治幼虫。利用沙棘木蠹蛾诱芯诱杀成虫。诱芯挂在林间上风头的树上，每50 m×50 m设置一个诱捕器，悬挂在约1 m高处。也可利用该虫的趋光性用黑光灯诱杀防治，可每5 hm^{2}设置一盏黑光灯，每天20:00～23:00开灯。用2.5%敌杀死等菊酯类杀虫剂喷树根、干部及周围地面，毒杀卵及初孵幼虫，可以快速杀灭，有效降低或减缓沙棘被害率。

图71-2 沙棘木蠹蛾幼虫
（克一河林业局　薛广军 摄）

图71-3 沙棘木蠹蛾蛹
（克一河林业局　薛广军 摄）

72. 黄刺蛾 *Chidocampa flavescens* (Wakler)

分布与危害：黄刺蛾分布极其广泛，除宁夏和西藏目前尚无记录外，全国各地均有发生。内蒙古大兴安岭林区主要分布在阿里河、大杨树和毕拉河等林业局。以幼虫危害寄主叶片，初孵幼虫群集取食叶肉，使叶呈网状，4龄后幼虫分散取食叶片，使叶呈缺刻或仅剩叶柄和叶脉。严重发生时能吃光树叶，影响树木生长、发育及果实产量。

寄主：黄刺蛾食性杂，已知有寄主120多种，主要危害石榴、苹果、梨、柑橘、桃、李、杏、梅、枣、樱桃、柿、山楂、枇杷、杜果、核桃、栗等果树，以及杨、柳、榆、枫、榛、梧桐、油桐、桤木、乌桕、楝、桑、茶等。

主要形态特征：成虫前翅黄褐色，自顶角有1条细斜线伸向中室，斜线内方为黄色，外方为褐色。在褐色部分有1条深褐色细线自顶角伸向后缘中部，中室部分有1个黄褐色圆点。后翅灰黄色。幼虫体肥胖，黄绿色，前胸膨大，前胸背部及臀部有1条宽大而相连的紫褐色大斑，胸部及臀部宽广呈"哑铃"形，其边缘常带蓝色，前胸盾片半月形，左右各有一黑色斑点，臀板上有2个黑点。腹部除第一节外，每节有4个横列肉质突起，每个突起上生刺毛和毒刺。茧形似鸟卵，石灰质，坚硬，椭圆形，上有灰白色和褐色纵条纹。

生物学特性：东北、华北、西北地区大多一年发生1代，河南、安徽、四川等地直到长江流域一年发生2代。以老熟幼虫在树枝分叉处和主侧枝及树干粗皮上结茧越冬。一年1代地区成虫约在6月中旬至7月上旬羽化，幼虫在7月中旬至8月下旬发生危害。一年2代地区越冬幼虫一般于5月上旬化蛹，5月下旬至6月上旬越冬代成虫羽化。成虫昼伏夜出，有趋光性。卵多产于叶背，散产或数粒在一起。每头雌蛾产卵49～67粒。卵期7天左右。初孵幼虫先取食卵壳，然后多群集于叶背，取食叶被表皮及叶肉，残留上表皮。4龄后幼虫分散危害，可将叶片吃成孔洞或缺刻，仅残留叶脉。7月上旬为幼虫危害盛期，幼虫历期22～33天，老熟幼虫结较小的薄茧在其中化蛹，茧做在叶柄或叶片主脉上。第一代成虫于7月中下旬开始羽化。卵期4～5天。幼虫危害盛期在8月上中旬。8月下旬至9月幼虫陆续成熟，在树体上结茧越冬。

防治历：1～4月或6～8月，针对结茧老熟幼虫、蛹，人工摘除虫茧。用尼龙沙网袋将摘除的虫茧收集起来，扎紧袋口置于林地内，网眼要略小于成虫胸部，便于寄生性天敌跑出。

5～6月或7～8月，针对成虫，利用杀虫灯诱杀。在羽化始盛期夜间进行。间距100～150 m或每1～1.5 hm²设置1个杀虫灯。

5～6月或8～9月，针对卵和幼虫，人工摘除卵块和捕杀低龄群集幼虫。利用低龄幼虫期群集叶背危害的习性，摘除带虫叶片集中处理。可用20%的除虫脲5000倍液、Bt乳剂500倍液或25%灭幼脲Ⅲ号2500倍液等喷雾防治。或在发育为3龄幼虫前进行喷药防治。尽可能使用生物农药进行防治，以保护天敌。

10～12月，针对老熟幼虫人工摘除虫茧。

图72-1 黄刺蛾成虫（雌）
（毕拉河林业局 包鹏 摄）

图72-2 黄刺蛾成虫（雄）
（毕拉河林业局 包鹏 摄）

图72-3 黄刺蛾幼虫（背面）
（毕拉河林业局 胡爱丽 摄）

图72-4 黄刺蛾幼虫（正面）
（毕拉河林业局 胡爱丽 摄）

图72-5 黄刺蛾茧
（毕拉河林业局 涂铁岭 摄）

图72-6 黄刺蛾蛹
（毕拉河林业局 包鹏 摄）

73. 双齿绿刺蛾*Latoia hilarata* Staudinger

分布与危害： 国内分布于黑龙江、吉林、辽宁、河北、河南、山西、陕西、山东、江苏、湖南、四川、台湾；国外分布于日本。内蒙古大兴安岭林区分布在阿里河、大杨树、毕拉河林业局。

寄主： 栎、桦、杏等。

主要形态特征： 成虫体长约10 mm。雌虫触角丝状，雄虫双栉状，头顶和胸背绿色。复眼褐色，体为黄色。前翅绿色，基斑褐色；外缘线较宽，向内突出2钝齿，其一在Cu_2脉上，较大，另一在M_2脉上。外缘毛黄褐色。后翅淡黄色，外缘色较深。卵乳白色；幼虫绿色，前胸背板有1对黑斑，背线天蓝色，两侧衬较宽的杏黄色线。各体节上有4个瘤状突起。蛹黄褐色。

生物学特性： 一年发生1代，8月下旬以老熟幼虫在树底枯枝落叶层下、树皮缝中结茧越冬。6月上中旬化蛹，7月上旬羽化为成虫。卵产于叶背面。幼虫发生期在7~8月。

防治历： 4~6月，针对结茧老熟幼虫、蛹，人工摘除虫茧。用尼龙沙网袋将摘除的虫茧收集起来，扎紧袋口置于林地内，网眼要略小于成虫胸部，便于寄生性天敌跑出。

7~8月，在羽化始盛期利用杀虫灯诱杀成虫；人工摘除卵块或捕杀低龄群集幼虫。利用低龄幼虫期群集叶背危害的习性，摘除带虫叶片集中处理。可用20%的除虫脲5000倍液、Bt乳剂500倍液或25%灭幼脲Ⅲ号2500倍液等喷雾防治。在发育为3龄幼虫前进行喷药防治。尽可能使用生物农药进行防治，以保护天敌。

图73-1 双齿绿刺蛾成虫
（阿里河林业局 李思 摄）

74. 梨叶斑蛾 *Illiberis Pruni* Dyar

分布与危害： 梨叶斑蛾又叫梨星毛虫。分布于黑龙江、吉林、辽宁、北京、河北、天津、山西、山东、河南、宁夏、陕西、甘肃、青海、四川、云南、江苏、安徽、湖北、浙江、江西、湖南、福建等地。内蒙古大兴安岭林区分布在阿里河、大杨树和毕拉河等林业局。

寄主： 山丁子、山楂、梨、苹果等。

主要形态特征： 成虫体长约10 mm，翅展约22 mm，体翅灰褐色，具青蓝色光泽。雄蛾触角双栉状，雌蛾触角锯齿状。翅半透明，翅脉黑褐色，R脉无共柄现象。缘毛褐色。幼虫体白色，背线黑褐色，两侧各有圆形黑斑10个，各节背面有白色毛丛6个。

生物学特性： 一年发生1代，以初龄幼虫在树干及主枝粗皮裂缝下结茧越冬，翌年春季幼虫吐丝缀叶成饺子状在内危害。6月上旬成虫羽化，多在叶背产卵，卵块状成排。一周左右孵化，初孵幼虫群居叶背，8月潜入枝干粗皮缝隙中越冬。

防治历： 5月，人工修剪摘除虫苞。

6月，喷雾防治幼虫，或人工摘剪虫叶；大发生时可采用苦参碱烟剂进行防治。

图74-1 梨叶斑蛾成虫

图74-2 梨叶斑蛾幼虫
（毕拉河林业局 包鹏摄）

图74-3 梨叶斑蛾幼虫
（毕拉河林业局 包鹏摄）

75. 杏叶斑蛾*Illiberis psychina* Oberthur

分布与危害：杏叶斑蛾别名杏星毛虫、红褐星毛虫、桃斑蛾。分布于东北、西北、华北地区。内蒙古大兴安岭林区分布在大杨树、毕拉河林业局。

寄主：桃、杏、李、梅、樱桃、山楂、梨、葡萄等。

主要形态特征：成虫体长7～10 mm，翅展21～23 mm，体黑褐色具蓝色光泽，前翅第一径分脉至第二径分脉的距离短于第二和第三径分脉的距离，翅半透明，布黑色鳞毛，翅脉、翅缘黑色，雄虫触角黑色羽毛状，雌虫短锯齿状。卵椭圆形，扁平，长约0.7 mm，中部稍凹，白至黄褐色。幼虫体长13～16 mm，体胖近纺锤形，背暗赤褐色，腹面紫红色。头小，黑褐色，大部分缩于前胸内，取食或活动时伸出。腹部各节具横列毛瘤6个，中间4个大，毛瘤中间生很多褐色短毛，周生黄白色长毛。前胸盾黑色，中央具l淡色纵纹，臀板黑褐色，臀棘黑色，10余齿。蛹椭圆形，长9～11 mm，淡黄至黑褐色。茧椭圆形，长15～20 mm，丝质，稍薄，淡黄色，外常附泥土、虫粪等。

生物学特性：一年发生1代，以初龄幼虫在树皮缝、树根、枝叉及贴枝叶下结虫苞越冬。4月下旬寄主萌动时开始出蛰活动，先蛀芽，后为害蕾、花及嫩叶，此间如遇寒流侵袭，则返回原越冬场所隐蔽。3龄后白天下树，潜伏到树干基部附近的土、石块及枯草落叶下、树皮缝中。老熟幼虫于6月中旬开始在树干周围的各种地被物下、皮缝中结茧化蛹，蛹期21～25天。7月上旬成虫羽化交配产卵，多产在树冠中、下部老叶叶背面，块生，每块有卵70～80粒，卵粒互不重叠，中间常有空隙，雌虫平均产卵170粒。成虫寿命9～17天，卵期10～11天。

防治历：4月，摘剪虫苞。

5～6月，喷阿维菌素、苦参碱、灭幼脲等生物农药防治幼虫；人工摘剪虫叶。

7月，可利用成虫飞翔力不强的特性组织人力进行捕杀。

图75-1 杏叶斑蛾成虫
（毕拉河林业局 汪大海摄）

76. 落叶松实小卷蛾*Petrova perangustana* Snell

分布与危害：国内分布于内蒙古、黑龙江、吉林的大小兴安岭及长白山林区；国外分布俄罗斯、波兰、捷克和斯洛伐克。内蒙古大兴安岭林区全境均有分布。经常与其他种实害虫混合发生，可造成10%左右的球果受害。

寄主：兴安落叶松、长白落叶松和日本落叶松的球果和种子。

主要形态特征：成虫体褐色，体长 3.2～5.2 mm，翅展10～15 mm。触角丝状，长达前翅前缘的一半。复眼黑色椭圆形。下唇须发达，其上密布灰褐色鳞片。前翅黑褐色，上有两条绝大部分由银灰色鳞片组成的横纹，外面1条约位于翅长的1/3处，内面1条约位于翅长的 1/2处；前缘有几条银灰色短纹，其中 3条靠近顶角，2条位于外面1条横纹的内面；缘毛灰褐色。后翅淡灰褐色，无斑纹，缘毛长，灰褐色。前足基节特别发达，胫节内侧有1丛羽状鳞毛。中足胫节有一长一短的端刺1对。后足胫节具有长短不等的端距及亚端距各1对。 卵白色或微带红色，呈扁平不正的椭圆形，一端稍尖，长0.6～0.7 mm，宽 0.4 mm左右。老熟幼虫体长 8～10 mm，黄白色。头部黄褐色。前胸背板后面大部分暗褐色，其余淡黄褐色。腹足趾钩为单序环式。蛹黄褐色，长4.5～6.5 mm。腹部第二至第七节各有 2列刺状突起，前列较后列大，第八至第十节只有1列较粗的刺状突起，第九节上的突起很少。臀棘10根。

生物学特性：落叶松实小卷蛾在大兴安岭一年发生1代，以蛹越冬，有滞育现象，因而部分为二年1代。成虫于5月中旬开始羽化，成虫羽化集中在6:00～12:00，午后很少羽化，晚上没有看到羽化。羽化后的蛹壳挂在茧壳外面。 5月下旬达羽化盛期，并开始产卵。卵单产在球果基部的苞鳞上，很少有1个球果上产2～3粒卵的，大发生时则可能单个球果上产卵量多。卵在6月中旬开始孵

图76-1 落叶松实小卷蛾成虫
（引自《中国森林昆虫》张培义 画）

化，刚产下的卵为白色或微带红色，快孵化时变为桃红色。卵期约10天。6月中下旬为孵化盛期。幼虫孵出后即钻入鳞片内蛀食成虫道，鳞片外部不易发现被害痕迹，在虫道口常排出黄色粪便或白色松脂，球果外部完整。脱皮1次后，幼虫转移到靠近种子部位，取食未成熟种子的胚乳及附近的鳞片，同时吐丝封闭虫道出口，专门在果轴周围活动，使球果内充满虫粪。受害鳞片枯干变色，球果则弯曲变形，被害球果内未受害的种子也发育不良。 幼虫期约经36天，蜕皮3次。幼虫于7月中旬开始离开球果化蛹，7月下旬为化蛹盛期，8月上旬为化蛹末期。老熟幼虫除极个别在球果内化蛹外，绝大多数都爬离球果，从侧枝向主干爬行，有少数在侧枝的树皮裂缝内化蛹；大多数爬到侧枝基部吐丝下垂，随风飘荡，碰到树干即在其上爬行，寻找合适的树皮缝隙，入内结白色小茧，结茧后3～6天化蛹。蛹大多集中在主干上，尤以 10 m以下的阳面最多。蛹约有1/3滞育，到第三年才羽化。 被该虫危害的球果，以阳坡最多，山顶次之，阴坡最少。

防治历：5月下旬，在成虫羽化始盛期至盛期时施放苦参碱烟剂熏杀成虫，用量为5 kg/hm²。应注意林间防火安全。

6月，人工采摘球果上有虫粪或钻蛀孔的球果，全部剪除，集中烧毁；大面积防治时可采用苦参碱烟剂防治幼虫，用量为15 kg/hm²。对可能携带落叶松实小卷蛾的球果进行严格检疫，防止该虫随寄主植物传播扩散。

4～9月，对母树林及时采取翻耕、除草、施肥等营林措施，提高林分抗病性，降低虫口密度，减少危害损失。

77. 云杉球果小卷蛾 *Pseudotomoides strobilellus* Linnaeus

分布与危害：国内分布于东北、西北地区；国外分布于俄罗斯（西伯利亚）、欧洲的北部和中部。内蒙古大兴安岭林区分布在阿尔山、绰尔、绰源、乌尔旗汉、库都尔、图里河、克一河、甘河、吉文、大杨树、阿里河、毕拉河等林业局。主要危害云杉球果。

寄主：红皮云杉。

主要形态特征：成虫体长约 6 mm，翅展 10～13 mm。头、胸、腹部灰黑色。下唇须前伸，略向上曲，第二节腹面和顶端有稀疏长鳞毛；前翅狭长，棕黑色，基斑浅黑色，中部向前凸出，中横带棕黑色，起自前缘中部，止于后缘近臀角处，中部略凸出呈弧形，前缘中部至顶角有3～4组灰白色有金属光泽的钩状纹；钩状纹向下又延长成4条有金属光泽的银灰色斜斑伸向后缘、臀角和外线；后翅淡棕黑色，基部淡，缘毛黄白色。 幼虫 体长 10～11 mm，略扁平，黄白色到黄色。头部褐色，后头的色泽较光亮。气孔非常小，褐色。在最后体节上，气孔位于中线两旁。蛹长4～5 mm，额部凸出，倒数第H节上有突起，其上有刺及4个钩状臀棘。

生物学特性：一年或二年发生1代，以老熟幼虫越冬。5月上旬越冬幼虫开始活动，5月中旬为化蛹盛期，5月下旬、6月上旬羽化、产卵，6月中下旬为孵化盛期，8月老熟幼虫进入果轴内越冬。成虫羽化时刻集中在9:00～15:00，羽化数量随当时温度高低而异，10:00～12:00最活跃。经1～2天即交尾产卵。卵单产在幼嫩球果果鳞内侧种翅的上方。树冠阳面产卵数量多于阴面。1个球果内最多有卵29粒，平均9粒。每只雌蛾产卵量最多105粒，平均53粒。成虫寿命一般5天左右。幼虫孵出后即钻入鳞片内，蛀成虫道，通向幼嫩的种子，食害未成熟的胚乳。当食完1粒种子后，转入邻近的另一粒种子，继续加害。每粒被害种子有2个孔洞，幼虫能在食害的种子间来回穿行。被害球果外形无变化。幼虫老熟后，从鳞片与种子间向果轴穿蛀虫道，钻入轴内咬1个长圆形越冬室，在其中越冬。间有少数个体在鳞片与危害的种子内越冬。 幼虫的分布规律是：阳坡大于阴坡，树冠阳面大于阴面，树冠上部大于下部，幼龄林大于中、老龄林，疏林大于密林，纯林大于混交林。幼虫天敌有2种寄生蜂和1种寄生菌，但寄生率均极低。另外，有1种鸟能啄食67.35%的越冬幼虫。

防治历：4月～5月下旬，人工采摘球果上有虫粪或钻蛀孔的虫害球果，集中后烧毁。

6月，大面积防治时可采用苦参碱烟剂防治成虫，用量为1 kg/hm²；对局部危害较重的云杉林可用车载高扬程喷雾机喷洒噻虫啉进行保护性防治。

4～9月，对母树林及时采取翻耕、除草、施肥等营林措施，提高林分抗病性，降低虫口密度，减少危害损失。对可能携带球果小卷蛾的云杉球果进行严格检疫，防止该虫随寄主植物传播扩散。

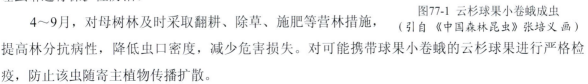

图77-1 云杉球果小卷蛾成虫
（引自《中国森林昆虫》张培义 画）

78. 云杉梢斑螟*Dioryctria schaetzeella* Fuchs

分布与危害：国内主要分布于黑龙江；国外分布于芬兰、挪威、德国、罗马尼亚、比利时、瑞士、奥地利。内蒙古大兴安岭林区主要分布于乌尔旗汉林业局和牙克石地区。2015年该虫在内蒙古大兴安岭林区暴发，尤其是城市绿化的红皮云杉受害严重。据统计，仅牙克石地区受害云杉就达1万多株。

寄主：红皮云杉。

主要形态特征：成虫翅展约23 mm，体灰色，前翅灰褐色，内横线及外横线灰白色，弯曲如锯齿状，外缘棕褐色，中室有一白斑，缘毛棕色；后翅棕褐色，缘毛棕色。卵黄白色；老熟幼虫体红褐色，头黑褐色，有光泽；体背中间有两条断续的黄色细线带，亚背线黑色，两侧衬白边，气门线白色。腹端节黄褐色。蛹瘦长，黑褐色，节间棕褐色，腹末端有臀刺。

生物学特性：在内蒙古大兴安岭一年发生1代，以2龄幼虫在被害的针叶鞘或枝梢里越冬。5月下旬开始再次危害，主要危害当年发的新梢，幼虫吐丝结薄网，或取食针叶，或取食嫩枝梢，或钻入梢里，或危害新鲜的嫩球果。被害处网上布满虫粪；大发生时后期树冠呈火烧状。6月中下旬老熟幼虫在枝梢部结丝茧化蛹，丝茧外粘着绿色的虫粪。7月上中旬羽化，成虫交尾产卵于针叶基部，每次产卵1枚。每雌虫可产卵200枚，卵经过1周左右孵化。

防治历：5月下旬，在云杉新梢抽穗之时应及时加强监测幼虫出蛰情况。

6月初，利用1.8%的阿维菌素乳剂3000倍液、1.2%苦参碱1000倍液喷雾防治幼虫。

6月下旬～7月上旬，人工采摘茧蛹，并集中销毁。

7月中旬，可用灯光诱杀成虫。

图78-1 云杉梢斑螟成虫
（管理局森防站 张军生 摄）

图78-2 云杉梢斑螟幼虫
（管理局森防站 张军生 摄）

图78-3 云杉梢斑螟蛹
（管理局森防站 邹元平 摄）

图78-4 云杉梢斑螟危害状
（乌尔旗汉林业局 于昕 摄）

图78-5 云杉梢斑螟危害状
（乌尔旗汉林业局 于昕 摄）

79. 樟子松梢斑螟*Dioryctria monolicella* Wang

分布与危害：分布于内蒙古、黑龙江。在内蒙古大兴安岭林区分布在阿尔山林业局。

寄主：樟子松。为害7年生至70年生及以上的树木。

主要形态特征：成虫体长约15 mm，翅展约28 mm，深黑灰色。老熟幼虫体长约30 mm，灰绿色。蛹纺锤形，红褐色。

生物学特性：该虫一年发生1代，为害隐蔽，不易发现。以初龄幼虫在树皮裂缝中或树皮内越冬，4月下旬幼虫开始活动，7月上中旬化蛹，7月中下旬羽化。7月下旬新一代幼虫侵入韧皮部，9月下旬在被害部越冬。成虫寿命6～8天，初孵幼虫主要由枝干部伤口或其他细嫩部位侵入韧皮部，老熟幼虫时可侵入木质部甚至髓心为害，造成枝干流脂，受害部位常常挂有白色或灰色粘有褐色粪便的凝脂团。被害后树木轻者造成树干流脂，影响树木生长，使林相残缺不全，重者易造成风折、枯顶、死亡，对樟子松林具有缓慢、渐进式、毁灭性的危害。

防治历：4～5月，对发生樟子松梢斑螟的樟子松林全部打孔注药。

7月上旬，使用性引诱剂诱杀成虫。

7月中下旬，在成虫羽化盛期产卵前使用苦参碱烟剂熏杀。

4～9月，调查被害株率，主要调查是否有树脂带虫粪的凝脂团。

图79-1 樟子松梢斑螟危害枝梢状

80. 柞褐叶螟 *Sybrida fasciata* Butler

分布与危害: 国内分布在黑龙江、内蒙古、山东、江苏、湖南、四川等省区;国外分布在俄罗斯及欧洲。内蒙古大兴安岭林区分布在阿里河、大杨树、毕拉河以及南部林区的绰源等。该虫曾在内蒙古扎兰屯大发生,发生面积达100多万亩。2014年在毕拉河大发生,发生面积30多万亩。2015年在内蒙古大兴安岭林区的发生面积为7.26万亩,其中轻度发生1.87万亩,中度发生4.69万亩,重度发生0.7万亩,成灾0.35万亩。

寄主: 蒙栎(蒙古栎)、榛。主要危害部位为叶子。

主要形态特征: 翅展约35 mm。头部淡黄褐色。触角淡褐色,基部有1束鳞毛,雄性触角栉齿状,雌性丝状。胸、腹部背面淡褐色,翅基下胸侧有1束黄褐色长毛。前、中足有红褐色毛簇。前翅宽阔,散布有黑色鳞片,外缘中部向外突出成角,翅基部及外缘紫红色,内横线及外横线之间的中域赤褐色,两线外淡黄色,中室端有2枚黑点,缘毛黑褐色,端部白色。后翅暗褐色,缘毛黑白相间。卵椭圆形,淡黄色。幼虫浅绿褐色,有黄绿色的纵线。

生物学特性: 一年发生1代,以1~2龄幼虫在落叶层下的土壤中越冬。5月中旬出蛰活动,在柞树叶丛中吐简单的丝巢,在其中危害。6月中下旬幼虫老熟,在叶丛中作丝茧化蛹。7月上中旬羽化成虫并产卵于枝头的卵巢中。

防治历: 5月,设置标准地,在标准地内设置观察样树,样树上绑上塑料碗,碗口向下,可以调查越冬后出蛰的幼虫的虫口密度。

5~7月,利用苦参碱烟剂放烟防治,用量为1 kg/hm²;可以用阿维菌素、苦参碱、灭幼脲等喷雾防治幼虫。

8~10月,可以在蒙古栎树冠投影下调查越冬幼虫。

图80-1 柞褐叶螟成虫
(毕拉河林业局 汪大海 摄)

图80-2 柞褐叶螟老熟幼虫
(管理局森防站 张军生 摄)

图80-3 柞褐叶螟幼虫正在做丝巢
（毕拉河林业局 包鹏 摄）

图80-4 柞褐叶螟幼虫群集做丝巢危害
（毕拉河林业局 包鹏 摄）

图80-5 柞褐叶螟茧
（毕拉河林业局 高荣红 摄）

图80-6 柞褐叶螟丝茧中的蛹
（毕拉河林业局 包鹏 摄）

图80-7 柞褐叶螟蛹
（毕拉河林业局 包鹏 摄）

图80-8 柞褐叶螟叶片危害状
（毕拉河林业局 包鹏 摄）

图80-9 柞褐叶螟危害状生态照
（毕拉河林业局 包鹏 摄）

81. 草地螟*Loxostege stieticatis* Linnaeus

分布与危害： 草地螟又名黄绿条螟、甜菜网螟。主要分布于吉林、内蒙古、黑龙江、宁夏、甘肃、青海、河北、山西、陕西、江苏等地。内蒙古大兴安岭林区均有分布。1998年乌尔旗汉林业局大发生，危害吃光落叶松苗3000亩；2012年在大杨树大发生，沙棘苗被害300亩，蓝莓经济林地发生200亩。

寄主： 农作物、落叶松、樟子松、沙棘、蓝莓、草类等。

主要形态特征： 成虫淡褐色，体长约10 mm，前翅灰褐色，外缘有长方形淡黄色斑纹，翅中央近前缘有一深黄色斑，顶角内侧前缘有不明显的三角形浅黄色小斑，后翅浅灰黄色，有两条与外缘平行的波状纹。卵椭圆形，长约1 mm，为5～8粒串状粘成复瓦状的卵块。幼虫共5龄，老熟幼虫16~25 mm，1龄幼虫淡绿色，体背有许多暗褐色纹，3龄幼虫灰绿色，体侧有淡色纵带，周身有毛瘤，5龄多为灰黑色，两侧有鲜黄色线条。蛹长14～20 mm，背部各节有14个赤褐色小点，排列于两侧，尾刺8根。

生物学特性： 草地螟一年发生2～3代，是一种迁移性、群集性有害生物，以老熟幼虫在丝质土茧内越冬。越冬幼虫在翌春5月中旬开始化蛹，一般在5月下旬开始羽化，6月上旬进入羽化盛期。成虫羽化后能从越冬地迁往发生地，在发生地繁殖1～2代后，再迁往越冬地，繁殖到老熟幼虫入土越冬。在内蒙古大兴安岭林区成虫有两个高峰期，一个是6月初，一个是8月上旬。草地螟成虫有群集性，在飞翔、取食、产卵以及在草丛中栖息时，均以大小不等的高密度的群体出现。对多种光源有很强的趋向性，尤其对黑光灯趋性更强。成虫需补充营养，常群集取食花蜜。成虫产卵选择性很强，多产在黎科、菊科、锦葵科和茄科等植物上。幼虫4龄、5龄期为危害高峰期。

防治历： 5月，及时清理造林地、苗圃地或经济林地内及周围的杂草。

5～8月，成虫期利用黑光灯、高压电网诱杀，能起到很好的防治效果。

6～7月，幼虫期利用阿维菌素、烟参碱、灭幼脲等生物农药喷雾防治。

7月，灯诱监测成虫的发生量，准确预测发生动态，为合理制定防治对策提供可靠的情报支持。

图81-1 草地螟成虫
（管理局森防站 张军生 摄）

图81-2 草地螟幼虫

82. 白桦尺蛾 *Phigalia djakonovi* Moltrecht

分布与危害： 该虫属于鳞翅目尺蛾科白桦尺蛾属，又叫白桦尺蠖。国内仅内蒙古大兴安岭林区有记录；国外分布于日本和俄罗斯。该虫曾多次在内蒙古大兴安岭林区暴发成灾：1981～1984年在库都尔和乌尔旗汉林业局大发生，发生面积达到20多万亩；1987年在乌尔旗汉、库都尔、图里河、毕拉河等林业局大发生，发生面积27万亩；1999～2000年在毕拉河林业局大发生，发生面积达到3万亩；1999～2001年在绰源林业局与中带齿舟蛾相伴大发生，发生面积达到50万亩；2004～2006年在乌尔旗汉、库都尔、图里河、根河等林业局大发生，面积达60多万亩，平均每株虫口密度达到24头/株，最高达到200头/株。发生时常有中带齿舟蛾、梦尼夜蛾伴随发生。

寄主： 白桦、杜鹃、柳、野刺玫、稠李、地榆等。

主要形态特征： 成虫性二型，雌蛾无翅，黑灰色，体长9.5～12.6 mm，触角丝状，有短支翅芽，产卵管露在外面；雄蛾具翅，体长12～15 mm，翅展39～46 mm，头灰褐色，触角双栉状。胸部多毛，深灰褐色，后足胫节两对距。前翅三角形，前缘平直，外缘在Cu_2以下与中线接近，亚缘线略波曲，其外侧翅面颜色较浅，以上各线均深褐色不清晰，缘线为深褐色细线，后翅白色散布有褐色鳞片，接近后缘处可见深褐色外中线与亚缘线，缘线同前翅。卵椭圆形，长径约0.95 mm，短径约0.60 mm，初产为淡黄色，后变为红褐色，孵化前为暗蓝色。幼虫共6龄，老熟幼虫体长约32.3 mm，头壳宽约2.98 mm，体色为黄色、棕褐色或黄褐色，腹足趾钩为双序中带。蛹长约15.2 mm，棕红色，有臀刺1根，端部分叉。

生物学特性： 该虫一年发生1代，以蛹越冬，成虫始见期为4月15日，羽化盛期为4月19日至5月4日，终见期为5月20日。成虫主要产卵于2 m以下的桦树枯枝里，卵始见期为4月19日，产卵盛期为4月24日至5月6日，终见期为6月1日。幼虫始见期为5月21日，孵化盛期为5月24日至5月27日，危害盛期为6月中旬至7月上旬，终见期为7月18日。幼虫有随风飘移的特点，可较远距离地传播；化蛹始见期为7月2日，盛期为7月7日至7月10日，末期7月22日。该虫雌雄异型：雌虫无翅，雄虫有翅，可飞翔。每雌产卵量达到150枚以上。幼虫共6龄，6月中下旬，4～5龄幼虫暴食为害，可在几天内使桦树叶全部被取食。

防治历： 4月，在树上绑毒绳、涂毒环、围胶带、绑阻隔碗等防治雌成虫；采用灯光诱杀成虫。营造松桦混交林，可减轻白桦林的危害。

5月，可采卵枝，即人工采集2 m以下的枯桦树枝，可对小面积重度发生地块采取此种防治措施。

5～6月，可采取苦参碱烟剂防治低龄幼虫，应注意防火。喷施苏云金杆菌和白僵菌也可起到较好的防治效果。另外，悬挂鸟巢箱招引食虫鸟进行控制。

图82-1 白桦尺蛾成虫(雌)
（乌尔旗汉林业局 苏桂云 摄）

图82-2 白桦尺蛾成虫（雄）
（乌尔旗汉林业局 苏桂云 摄）

图82-3 白桦尺蛾幼虫
（根河林业局 王敬梅 摄）

图82-4 白桦尺蛾老熟幼虫
（管理局森防站 张军生 摄）

图82-5 白桦尺蛾蛹
（乌尔旗汉林业局 于昕 摄）

图82-6 白桦尺蛾越冬蛹
（乌尔旗汉林业局 于昕 摄）

图82-7 白桦尺蛾叶片危害状
（根河林业局 王敬梅 摄）

图82-8 白桦尺蛾危害状生态照
（管理局森防站 张军生 摄）

83. 桦尺蛾 *Biston betularia* (Linnaeus)

分布与危害：国内分布在东北地区及内蒙古；国外分布在西欧、日本、俄罗斯。在内蒙古大兴安岭林区主要发生分布在北部林区的得耳布尔、中部林区的乌尔旗汉和库都尔、东南部林区的毕拉河。常伴随白桦尺蛾、梦尼夜蛾等阔叶害虫而发生。2015年在内蒙古大兴安岭林区发生面积为9981亩，轻度发生5245亩，中度发生3578亩，重度发生1158亩，成灾面积658亩。有虫株率100%，虫口密度为78头/株。

寄主：白桦、黑桦、杜鹃、榆、杨等。

主要形态特征：成虫均有翅，雌蛾触角丝状，雄蛾栉齿状。体灰褐色，翅白底覆被大量的灰黑色鳞片，外缘线黑色，在翅中上部时向外突出，曲度大。卵圆，淡黄色，后变褐色；老熟幼虫黄褐色，体有平行的纵线数条。蛹棕红色。

生物学特性：在内蒙古大兴安岭林区一年发生1代，以卵在树皮缝、树干、枝杈等处越冬。翌年5月中旬卵开始孵化，6月为幼虫危害期，7月上旬化蛹，7月中下旬羽化为成虫，交尾产卵，以卵越冬。

防治历：5月下旬，调查幼虫密度。

6月上旬，利用苦参碱烟剂、阿维菌素等生物农药喷雾防治害虫。

7~8月，可采取灯光诱杀成虫。

9~10月，对越冬蛹进行调查。

图83-1 桦尺蛾成虫(雌)　　　　　图83-2 桦尺蛾成虫（雄）
（绰源林业局 雷英 摄）　　　　（库都尔林业局 王欢 摄）

84. 春尺蠖*Apocheima cinerarius* Erschoff

分布与危害：春尺蠖又叫沙枣尺蛾、榆尺蛾等。国内分布于新疆、青海、甘肃、陕西、宁夏、内蒙古、河北、天津、山东、黑龙江、辽宁；国外分布于俄罗斯。内蒙古大兴安岭林区分布于克一河、乌尔旗汉、毕拉河林业局。2016年在内蒙古莫力达瓦自治旗榆树林暴发成灾，灾害面积达1000多亩，树叶全部被吃光。

寄主：榆、柳、杨、果树等。

主要形态特征：成虫雄有翅，触角羽毛状，前翅淡灰褐色至黑褐色，从前缘至后缘有三条褐色波状横纹，中间一条不清晰；雌无翅，体灰褐色，触角丝状，腹背有成排的黑点刺，腹末臀板上也有凸起和黑刺列。卵圆形，灰白色带紫；幼虫头大有褐色光泽，体灰褐色，腹部第二节有两个瘤状突，体侧有黄线；蛹灰黄褐色，末端有臀刺，刺端分叉。

生物学特性：一年发生1代，以蛹在树冠下的土壤中越夏越冬。4月末5月上旬羽化，5月中旬卵孵化，5月下旬至6月中旬为危害期，6月下旬下树。老熟幼虫入土中化蛹。蛹期长达9个月。雄成虫具有趋光性，雌成虫产卵量多达400粒。

防治历：3～4月，制定监测调查及防治方案。

4～5月，调查羽化成虫的数量，主要是采用黑光灯或性引诱剂诱捕器技术。

5～6月，开展喷雾或烟剂防治。

7月，调查下树越夏的幼虫的虫口密度。

9月，调查越冬蛹的密度。

图84-1 春尺蠖成虫(雌雄)

图84-2 春尺蠖幼虫
（管理局森防站 张军生 摄）

图84-3 春尺蠖幼虫
（管理局森防站 张军生 摄）

图84-4 春尺蠖幼虫
（管理局森防站 张军生 摄）

图84-5 春尺蠖危害状生态照
（管理局森防站 张军生 摄）

85. 落叶松尺蛾*Erannis ankeraria* Staudinger

分布与危害：国内分布于黑龙江、吉林、内蒙古、河北、河南、山西、陕西等地；国外分布于匈牙利。内蒙古大兴安岭林区分布于乌尔旗汉、库都尔、阿里河、绰尔等林业局。该虫曾于1995年在牙克石林区大发生。

寄主：落叶松属。

主要形态特征：雌蛾无翅，纺锤形，灰白色，具黑斑。雄蛾浅黄褐色，具两对翅，翅薄，翅面散布黄色碎纹，翅中有一黑褐色圆形斑，前翅外线波曲状，中部向外弯曲。卵黄色，圆形。幼虫5龄，老熟幼虫体褐色，有多条纵线，气门线白色。蛹褐色。

生物学特性：该虫一年发生1代，以卵在树皮缝处或球果鳞内越冬，主要集中在树干3m以下。5月中旬开始孵化并爬到树冠处危害树叶，6月中旬为危害盛期。6月下旬始入土化蛹，7月上旬为下树高峰期。8月末9月初成虫大量羽化，交尾产卵，每雌产卵量可达230粒。

防治历：4～5月，调查越冬后卵存活率，对幼虫虫口密度进行预报。

5～6月，在幼虫期进行阿维菌素喷雾或苦参碱烟剂防治。

8～9月，对成虫进行灯光诱杀防治。

8～10月，调查越冬卵情况。

图85-1 落叶松尺蛾成虫(雌)　　图85-2 落叶松尺蛾成虫（雄）　　图85-3 落叶松尺蛾幼虫
（管理局森防站 张军生 摄）　（管理局森防站 张军生 摄）　（管理局森防站 邹元平摄）

86. 落叶松双肩尺蛾 *Cleora cinctaria* Schiff.

分布与危害：国内分布于黑龙江、吉林、内蒙古、河北等地；国外分布于欧洲。内蒙古大兴安岭林区分布于乌尔旗汉、库都尔、阿里河、莫尔道嘎等林业局。

寄主：落叶松、赤杨、鼠李、胡枝子、五味子、忍冬等植物。

主要形态特征：成虫体长10～15 mm，翅展31～37 mm。体灰白色。胸部被有灰白色鳞片，前足、中足胫节和跗节具黑白斑。翅大而薄，前翅近三角形，具三条横线；基翅内横线呈褐色，双线半弧形，中横线黑色，外横线白色锯齿形。中横线与外横线间有一黑斑。后翅的中线明显与前翅中线相接，外线白色隐约可见。前后翅外缘具7个排列较整齐的小黑点。腹部前端色较深，第一腹节具有黑色横带。雄虫腹部末端具有丛毛。雌成虫腹部较大。卵长0.75～0.83 mm，椭圆形，初产时绿色，后渐变成黄绿色，卵壳上有纵横交错的隆起线。幼虫体长15～25 mm，初孵时黄色，体背两侧具黑色纵带；老熟幼虫头部黄褐色，胸腹部多呈绿色，少数为黄或黑褐色，体面光滑，有微毛。蛹体长13～16 mm，红褐色，圆筒形，臀棘分叉。

图86-1 落叶松双肩尺蛾成虫
（莫尔道嘎林业局 武彦辉 摄）

生物学特征：内蒙古大兴安岭地区一年发生1代，以蛹在枯枝落叶层下5～15 cm内土层中越冬。翌年5月下旬开始羽化，6月上中旬为羽化盛期。羽化时间多集中于上午。羽化后的成虫经一段时间即可飞翔。成虫具有趋光性，产卵量平均110粒，卵多产于落叶松树干中部翘皮缝里，呈块状，每块40多粒，最多100粒。雌成虫寿命平均为9天，雄成虫寿命平均为5

图86-2 落叶松双肩尺蛾成虫静伏状
（莫尔道嘎林业局 武彦辉 摄）

天。卵经6～7天孵化，6月中旬为孵化盛期，初孵幼虫比较活跃，能在就近的落叶松叶片上取食叶肉，也能吐丝下落在胡枝子等灌木叶片上取食叶肉。幼虫随着虫龄的增加，食量增大，由下而上将叶片整个吃掉。幼虫5龄，于早晚取食，白天多以臀足支撑身体呈小枝状，突然遇风或人为振动则吐丝下垂。老熟幼虫于7下旬至8月上旬入土化蛹越冬。

防治历：4～5月，调查越冬后蛹存活率，对成虫羽化期进行预报。

5～6月，在成虫期利用成虫的趋光性，开展灯光诱杀防治。

6月末～7月，对幼虫使用1%阿维菌素、1.2%基参碱乳剂或1.2%烟参碱烟剂等进行防治；也可于7月上旬开展白僵菌、苏云金杆菌喷雾粉或喷雾防治。

8～10月，调查越冬蛹的情况。

87. 落叶松毛虫*Dendrolimus superans*(Butler)

分布与危害： 分布于辽宁、吉林、黑龙江、内蒙古、河北和新疆。内蒙古大兴安岭林区均有分布，其中重点发生区为阿尔山、绰尔、绰源、乌尔旗汉、库都尔、图里河、根河、伊图里河、克一河、吉文、阿里河、大杨树和毕拉河林业局。严重被害时，大片松林针叶全部被食光，远看似火烧状，连年被害可造成大面积松林枯死，是松林主要危险性害虫。曾于2003～2004年在内蒙古大兴安岭阿尔山林业局造成15万亩落叶松人工林被毁，直接经济损失4亿多元。

寄主： 落叶松、红松、鱼鳞云杉、油松、黑松、樟子松、新疆云杉、红皮云杉、冷杉、臭冷杉等。

主要形态特征： 成虫体色和花纹变化较大，有灰白、灰褐、褐、赤褐、黑褐色等。前翅较宽，外缘较直，内横线、中横线、外横线深褐色，外横线具锯齿状，亚外缘线有8个黑斑排，列略似"3"形，其最后2个斑若连成一线则与外缘近于平行，中室白斑大而明显。末龄幼虫灰褐色，有黄斑，被银白色或金黄色毛；中后胸背面有2条蓝黑色闪光毒毛；第八腹节背面有暗蓝色长毛束。

图87-1 落叶松毛虫成虫(雌)
（库都尔林业局 张春雷 摄）

生物学特征： 两年1代或一年1代，主要以3～4龄幼虫于枯枝落叶层下、土缝、石块下越冬。在新疆阿尔泰林区以两年1代为主，在东北地区大多一年1代。一年1代的翌年春季4～5月越冬幼虫上树活动，将整个针叶食光，6～7月老熟幼虫大多在树冠上结茧化蛹，7～8月成虫羽化、交尾产卵，卵产在针叶上，排列成行或堆，7月中下旬幼虫孵化。初龄幼虫多群集于枝梢端部，把针叶的一侧吃成缺刻，几天后针叶卷曲枯黄成枯萎状；2龄后逐渐分散危害，嚼食整根松针，但在每束针叶基部残留较长的一段，因而在树冠上造成很多残缺不全的针叶，顶端流出树脂，日久成黄褐色。10月中下旬幼虫下树越冬。落叶松毛虫的主要发生地是低山、丘陵或高山的山麓，排水良好而林内落叶层较厚、窝风的10年生以上的落叶松人工林内，干旱往往促使其大量繁殖，加重危害。

图87-2 落叶松毛虫成虫（雄）
（绰尔林业局 孙金海 摄）

图87-3 落叶松毛虫交尾成虫
（管理局森防站 张军生 摄）

图87-4 落叶松毛虫卵
（乌尔旗汉林业局 徐桂云 摄）

图87-5 落叶松毛虫幼虫
（绰尔林业局 郝新东 摄）

图87-6 落叶松毛虫幼虫正在危害
（乌尔旗汉林业局 阎焕刚 摄）

　　防治历：4～5月，采用毒环法防治幼虫，将2.5%溴氰菊酯用柴油、煤油稀释，药和油按1∶15和1∶7.5的比例，600 mL/hm²，选用常用普通医用喉头喷雾器，在树干1.3～1.5 m高处喷一个宽约2 cm的药环。当幼虫上树时，爬过药环而中毒死亡。在幼虫上树前1～2天完成防治作业。喷毒环要闭合。也可用松毛虫质型多角体病毒1500亿～3750亿/hm²喷施，25%灭幼脲Ⅲ号粉剂450～600 g/hm²喷粉，20%灭幼脲·阿维菌素可湿性粉剂30～50 g/hm²地面常规喷雾。最佳防治时机在幼虫4龄以前。

　　5月，可以采取飞机作业防治幼虫。

　　7～8月，设置杀虫灯和性引诱剂诱捕器诱杀成虫，杀虫灯和诱捕器在成虫羽化前设置。人工摘除茧蛹，摘一头茧蛹，来年将减少百条虫。人工摘除卵块，同时可释放赤眼蜂30万头/hm²进行生物防治。

　　7月，高湿高温时星点状喷洒白僵菌粉剂、B.t.粉剂，可防治1代松毛虫小幼虫，用药量为1 kg/hm²。也可悬挂人工鸟巢箱招引和保护天敌益鸟进行防治，同时可以保护、投放或助迁天敌益虫进行防治。

　　9月，调查下树越冬幼虫数量。

图87-7 落叶松毛虫的茧

（乌尔旗汉林业局 张金华 摄）

图87-8 落叶松毛虫蛹

（绰尔林业局 郝新东 摄）

图87-9 落叶松毛虫危害状生态照

（管理局森防站 张军生 摄）

88. 黄褐天幕毛虫 *Malacosoma neustria testacea* Motschulsky

危害与分布：黄褐天幕毛虫属于鳞翅目枯叶蛾科，又名天幕枯叶蛾，俗称顶针虫。分布于辽宁、吉林、黑龙江、北京、河北、山东、江苏、安徽、河南、湖北、江西、湖南、四川、陕西、甘肃、内蒙古、山西等地。内蒙古大兴安岭林区主要分布于大杨树、阿里河、毕拉河、吉文、甘河、克一河等林业局。低龄幼虫群集在卵块附近小枝上取食嫩叶，在枝丫处吐丝结网，网呈天幕状。大发生时，将整片林木树叶吃光，严重影响树木生长和景观，是林木重要食叶害虫。2002年春夏之季在内蒙古大兴安岭林区大发生，最高虫口密度每株达到2000条，重度发生面积50多万亩，发生区道路两侧的阔叶树树叶几乎全部被吃光，严重影响林木的生长和生态环境质量。

寄主：山杏、榛、柞树、柳树、杨树、桦树、榆树及果树等阔叶树种，严重时也危害落叶松等针叶树。

主要形态特征：雄成虫体长约15 mm，翅展长24～32 mm，全体淡黄色，前翅中央有两条深褐色的细横线，两线间的部分色较深，呈褐色宽带，缘毛褐灰色相间；雌成虫体长约20 mm，翅展长29～39 mm，体翅褐黄色，腹部色较深，前翅中央有一条镶有米黄色细边的赤褐色宽横带。卵椭圆形，灰白色，顶部中央凹下，卵块呈顶针状围于小枝上。幼虫共5龄，老熟幼虫体长50～55 mm，头部灰蓝色，顶部有两个黑色的圆斑。体侧有鲜艳的蓝灰色、黄色和黑色的横带，体背线为白色，亚背线橙黄色，气门黑色。体背被黑色的长毛，侧面生淡褐色长毛。蛹体长13～25 mm，黄褐色或黑褐色，体表有金黄色细毛。茧黄白色，呈棱形，双层，一般结于阔叶树的叶片正面、草叶正面或落叶松的叶簇中。

生物学特性：在内蒙古大兴安岭林区一年发生1代，以卵越冬，越冬卵内已经是没有出壳的小幼虫。第二年5月上旬当树木发叶的时候幼虫开始钻出卵壳，为害阔叶树的嫩叶，以后又转移到枝杈处吐丝张网。1～4龄幼虫白天群集在网幕中，晚间出来取食叶片。幼虫近老熟时分散活动，此时幼虫食量大增，容易暴发成灾。在5月下旬至6月上旬是为害盛期，此时开始陆续老熟后于针叶树、阔叶树的树叶间、灌木丛、杂草丛中结茧化蛹。7月为成虫盛发期，羽化成虫晚间活动，成虫羽化

图88-1 黄褐天幕毛虫成虫(雌)
（管理局森防站 张军生 摄）

图88-2 黄褐天幕毛虫成虫（雄）
（阿里河林业局 黄莹 摄）

后即可交尾产卵,产卵于当年生小枝上。每一雌蛾一般产一个卵块,每个卵块量在146～520粒,也有部分雌蛾产2个卵块。在内蒙古大兴安岭林区,雌蛾主要集中将卵产在柳树枝条上,每一丛柳树上卵块数量高达73块。幼虫胚胎发育完成后不出卵壳即越冬年发生1代。

防治历:8月至翌年4月,调查越冬前后卵密度及孵化情况,制定防治预案;结合修剪,人工剪除"顶针"卵块,集中深埋或烧毁。

5~6月,人工悬挂鸟巢,招引益鸟,控制害虫幼虫种群数量;人工捕杀幼虫,幼虫白天聚在网幕内,可人工摘除,摘除的幼虫网集中烧毁;用1.2%苦参碱•烟碱乳油800～1000倍液、Bt可湿性粉剂(8000IU/mg)300～500倍液、25%灭幼脲Ⅲ号2000倍液或1.8%阿维菌素乳油6000～8000倍液等喷雾防治。

6～7月,摘除蛹茧,集中烧毁;利用杀虫灯诱杀成虫,注意林区防火。

图88-3 黄褐天幕毛虫卵块
(管理局森防站 张军生 摄)

图88-4 黄褐天幕毛虫2龄幼虫
(管理局森防站 张军生 摄)

图88-5 黄褐天幕毛虫老熟幼虫
(毕拉河林业局 包鹏 摄)

图88-6 黄褐天幕毛虫蛹
(管理局森防站 张军生 摄)

图88-7 黄褐天幕毛虫危害状生态照
(阿里河林业局 王保利 摄)

89. 桦树天幕毛虫 *Malacosoma rectifascia* Lajonpuière

分布与危害: 桦树天幕毛虫又名绵山天幕毛虫。分布于山西、河北、黑龙江等省。内蒙古大兴安岭林区分布在阿里河、毕拉河等林业局。1982年在河北省保定地区中度发生。该虫将白桦叶子吃光,虫体成堆将树枝压弯,一树吃光之后再迁移他树。

寄主: 桦树、杨树、栎树、野刺玫。

主要形态特征: 翅展30～40 mm,雌蛾触角丝状,体翅黄褐色,前翅中间有两条平行红褐色横线,外缘在6～7脉间明显外突,缘毛外突处褐色,凹陷处灰白色;后翅中间有一深色斑纹。雄蛾触角羽状,鞭节黄褐色,羽枝褐色,体翅赤褐色,前翅中间呈深赤褐色宽带,宽带内外衬以浅黄褐色线纹,后翅斑纹不明显。卵灰白色,长椭圆形,中间向内凹陷,长为1.0～1.4 mm,宽约0.6 mm,表面覆盖灰色分泌物,许多卵呈环状排列,状如顶针。幼虫共6龄,初孵为棕褐色,2龄后体色渐加深,老熟幼虫头部黑色,中央有白色纵线,各体节具棕黄色刚毛。蛹为褐色,全体被有黄棕色绒毛,长约15 mm。茧黄白色,椭圆形,长25～30 mm,丝质,较结实,覆盖黄色粉末。

生物学特性: 一年发生1代,以卵越冬。5月中旬后幼虫孵化开始危害桦树叶,拉稀薄的丝网,幼虫喜欢群集,6月上旬为危害盛期。6月下旬开始化蛹,7月中旬开始羽化为成虫。7月下旬成虫将卵产在枝头,成块状,每个卵块有卵100～300粒。成虫寿命4天左右。

防治历: 8月至翌年5月,人工剪除卵块并销毁。

5～6月,利用苦参碱烟剂防治幼虫;也可以利用高扬程喷雾车进行喷雾防治。

7～8月,利用灯光诱杀防治雄成虫,雌虫不上灯,可以降低虫口基数。

图89-1 桦树天幕毛虫成虫
(毕拉河林业局 胡爱丽 摄)

图89-2 桦树天幕毛虫卵块
(毕拉河林业局 包鹏 摄)

图89-3 桦树天幕毛虫初孵幼虫
（毕拉河林业局 包鹏 摄）

图89-4 桦树天幕毛虫蛹
（毕拉河林业局 涂铁岭 摄）

90. 杨枯叶蛾*Gastropacha populifolia* Esper

分布与危害：分布于东北、华北、华东、西北、西南等地区。内蒙古大兴安岭林区辖区内均有分布。以幼虫取食叶片危害，大发生时可将整株树叶片吃光，影响树木生长和结实。2008年曾在牙克石发生严重灾害。

寄主：杨、柳、桃、梨、海棠、李、杏等。

主要形态特征：成虫体翅黄褐色或橙黄色，前翅顶角特长，内缘短，有5条黑色断续的波状纹，后翅有3条明显的黑色斑纹，前缘橙黄色，后缘浅黄色。前翅散布有少数黑色鳞毛。以上基色和斑纹常有变化，或明显或模糊。因静止时从侧面看形似枯叶，故名为枯叶蛾。老熟幼虫头棕褐色，较扁平，体灰褐色，中胸和后胸背面有1块蓝黑色斑，斑后有赤黄色横带。腹部第八节有1个较大瘤，四周黑色，顶部灰白色；第十一节背上有圆形瘤状突起；背中线褐色，侧线成倒"八"字形黑褐色纹；体侧每节各有大小不同的褐色毛瘤1对，边缘呈黑色，上有土黄色毛丛；各瘤上方有黑色"V"形斑。

生物学特征：在华东地区一年发生2~3代，以幼龄幼虫在树干裂缝、凹陷处或枯叶中越冬；翌年早春，日均气温达5℃以上即可恢复活动，3月下旬开始取食叶片危害，4月中旬至5月中旬幼虫陆续老熟，在枝干上结茧化蛹。5~6月成虫羽化。卵成堆散产于叶背，卵期约12天。每雌产卵200~300粒。初孵幼虫群集取食，3龄后分散危害。各代幼虫分别于5月中下旬至6月中旬，7月中旬至8月中旬，9月中旬至10月上中旬孵化危害。各代成虫分别于5月上旬至6月上旬，7月上旬至8月上旬，9月上中旬至10月上旬羽化。

防治历：5月下旬，针对越冬幼虫，喷施25%灭幼脲Ⅲ号1500~2000倍液、1%阿维菌素2500倍液、1.2%苦参碱•烟碱乳油1000~1500倍液、Bt乳剂600倍液或其他微生物制剂，在越冬幼虫开始活动取食时进行药剂防治。

5~6月，针对老熟幼虫、蛹，人工摘除虫茧，集中销毁。

6~8月，人工摘卵、捕幼虫。幼虫期喷施25%灭幼脲Ⅲ号1500~2000倍液、阿维菌素2500倍液、1500~2000倍液、1.2%苦参碱•烟碱乳油或Bt乳剂800倍液等进行防治。

图90-2 杨枯叶蛾卵块
（毕拉河林业局 包鹏 摄）

图90-1 杨枯叶蛾成虫
（毕拉河林业局 汪大海 摄）

8～9月，要开展越冬前幼虫虫口密度调查，准确掌握越冬基数，为下一年采取相应的措施奠定基础。

9～12月，针对越冬幼虫，人工清理树皮裂缝、树洞及凹陷处等适于幼虫越冬的场所，捕杀越冬幼虫，降低越冬虫口密度。注意保护各种寄生和捕食性天敌昆虫（寄生蝇、寄生蜂等）以及各种鸟。

图90-3 杨枯叶蛾幼虫
（管理局森防站 张军生 摄）

图90-4 杨枯叶蛾蛹
（毕拉河林业局 包鹏 摄）

91. 绿尾大蚕蛾*Actias selene ningpoana* Felder

分布与危害：分布于北京、河北、辽宁、河南、江苏、浙江、江西、湖北、湖南、广东、福建、台湾等地。幼虫取食叶片，严重危害时造成树势衰弱，影响果实产量。

寄主：核桃、苹果、柳、杨、樱花、紫薇、枫杨、枫香、火炬树等。

主要形态特征：成虫体表有浓厚的白色绒毛，翅粉绿色，前翅前缘暗紫色，中央有1个眼状斑纹；后翅也有1个眼斑，后翅后角有长尾突。1龄幼虫黑褐色，2龄幼虫第二、三胸节及第五、六腹节橘黄色，前胸背板黑色；3龄幼虫通体橘黄色；4龄嫩绿色；老龄黄绿色；老熟幼虫气门上线上红下黄，各节体背有枯黄色瘤突，其上着生黑色刺毛和白色长毛。尾足大，肛上板暗紫色。

生物学特性：北京地区一年发生2代，在树木下部枝干分权处结茧越冬。越冬蛹翌年4月中旬至5月上旬羽化、交尾和产卵。5月中旬幼虫孵出，幼虫5龄。6月上旬老熟幼虫开始化蛹，中旬达盛期。第一代成虫6月末7月初羽化并产卵，幼虫7月上中旬开始孵化，9月上中旬幼虫结茧化蛹。成虫有趋光性，羽化当晚可交尾，翌日产卵，产卵量250～300粒。

图91-1 绿尾大蚕蛾成虫
（绰尔林业局 李雅琴 摄）

图91-2 绿尾大蚕蛾卵块
（毕拉河林业局 李雅琴 摄）

1～2龄幼虫有群集性，较活跃，3龄后分散，食量大增，行动迟缓。

防治历：4月中旬～5月上旬，6月末～7月初，可用灯光诱杀成虫。杀虫灯要设置在空旷地带，灯底部距地面1.5～1.7 m，应及时收集和处理诱到的成虫。

5～6月初，7月上旬～8月末，对低龄幼虫喷洒Bt500倍液、20%除虫脲悬浮剂7000倍液或25%灭幼脲Ⅲ号3000倍液或1%

阿维菌素2000倍液等。2～3龄是防治关键期，喷药要均匀周到。也可人工捕捉幼虫。1～2龄幼虫群居有利于人工捕捉，人工捕捉的幼虫要集中处理。

9月上中旬，针对结茧化蛹的情况人工采茧灭蛹。

5～7月，针对虫卵，保护和释放其天敌。保护土蜂、马蜂、麻雀等天敌。释放赤眼蜂，按30万头/hm²释放。

图91-3 绿尾大蚕蛾幼虫
（管理局森防站 张军生 摄）

92. 蓝目天蛾 *Smerinthus planus* Walker

分布与危害：分布于辽宁、内蒙古、河北、河南、山西、山东、江苏、浙江、安徽、江西、陕西、宁夏、甘肃和青海等地。主要以幼虫取食叶片危害，常将树叶吃光，仅剩枝条，严重影响树木的生长和发育。

寄主：杨、柳、榆、苹果、桃、梅、核桃、海棠、李、杏和樱桃等。

主要形态特征：成虫体翅黄褐色，复眼大，暗绿色。胸部背面中央有1个深褐色大斑，前翅外缘翅脉间内陷成浅锯齿状，缘毛极短。亚外缘浅，外横线、内横线深褐色；肾状纹清晰，灰白色；外横线、内横线下段被灰白色剑状纹切断。后翅淡黄褐色，中央有1个大蓝目斑，斑外有1个灰白色圈，最外围蓝黑色，蓝目斑上方为粉红色。老熟幼虫头较小，绿色，近三角形，两侧色淡黄；前胸有6个横排的颗粒状突起；中胸有4个小环，每环上左右各有1个大颗粒状突起；后胸有6个小环，每环也各有1个大颗粒状突起。第一至第八腹节两侧有淡黄色斜纹，最后1条斜纹直达尾角，尾角斜向后方。

生物学特性：在辽宁、北京、兰州、西宁一年发生2代，在陕西、河南一年发生3代，江苏一年发生4代，均以蛹在土中越冬。2代区成虫发生期为5月中下旬、6月中下旬，3代区为4月中下旬、7月和8月，4代区为4月中旬、6月下旬、8月上旬及9月中旬。成虫多夜间羽化、活动及产卵，具趋光性，飞翔力强；羽化后第二天交尾，第四天产卵，卵单产于叶背、枝及枝干，偶见卵成串。每雌产卵200～400粒，卵期7～14天。4～5龄幼虫取食量极大，以第一代的幼虫危害较重，被害枝常成光秃状。老熟幼虫下树入土55～155 cm营土室越冬。

图92-1 蓝目天蛾成虫
（阿里河林业局 黄莹 摄）

防治历：1～4月中旬，可人工挖越冬蛹，集中烧毁或深埋。

4月中下旬～5月上旬，7月中旬～8月上旬，利用成虫具有很强的趋光性的特点，用杀虫灯诱杀成虫。因不同地区成虫发生期不同，做好预测预报，掌握好诱杀时间。

4月下旬～6月中旬，8～9月，针对成虫，喷洒100亿孢子/mL以上的苏云金杆菌600倍液或1.2%苦参碱•烟碱乳油1000倍液、24%米满1000～2000倍液等进行防治。幼虫老熟时也可人工抖动枝干捕杀跌落的幼虫。

8月下旬～12月，秋末冬初落叶后耕翻园区土壤杀伤越冬蛹。

加强保护和利用天敌，如绒茧蜂等。

图92-2 蓝目天蛾幼虫
（毕拉河林业局 郝新东 摄）

93. 中带齿舟蛾 *Odontosia arnoldiana* (Kardakoff)

分布及危害: 中带齿舟蛾属于鳞翅目舟蛾科。国内分布于黑龙江和内蒙古;国外分布在日本、朝鲜、俄罗斯。该虫在内蒙古大兴安岭林区主要分布于绰尔、绰源、乌尔旗汉、库都尔、图里河、伊图里河及其相邻的乌奴尔、免渡河等地区。这是一种以白桦林为主的食叶大害虫,大发生时也取食山杨、柳、地榆及一些草本植物。从1981年以来在内蒙古大兴安岭林区乌尔旗汉、库都尔、图里河、根河等几个林业局持续危害;1999~2001年在绰源林业局突然严重暴发成灾,与白桦尺蠖共同危害白桦天然次生林,发生区白桦树叶全部被吃光。2004~2006年大发生的分布面积达到1000多万亩,危害面积达到300万亩。2016年在阿尔山林业局混合梦尼夜蛾大发生,发生面积达54.35万亩,其中重度发生20.38万亩,虫口密度112条/株;中度发生23.4万亩,虫口密度65.5条/株;轻度发生10.57万亩,虫口密度33.8条/株。局部严重危害区白桦失叶率高达85%以上。

寄主:白桦、山杨、柳树、山荆子、稠李以及林下阔叶草本植物。危害部位为叶子。

主要形态特征: 成虫前翅暗灰色,略带棕色,在翅前缘1/3~2/3处有两条灰白色波曲细线,在翅后缘1/2处几乎相接。因此该虫被称为中带齿舟蛾。翅展约40 mm。后翅灰白色,中央有一黑色斑点。卵圆形,灰白色。大小2 mm左右。幼虫共5龄,老熟幼虫体长38~50 mm,头部黄褐色,有光泽,体青绿色,形似纺锤形。蛹鲜红褐色、黑褐色,有光泽,体长约20 mm,腹末光滑圆润。

生物学特性: 内蒙古大兴安岭林区一年发生1代,以蛹在枯枝落叶层下越冬。一般枯枝落叶层下的深度在5~20 cm,6月末老熟幼虫开始下树,7月上旬全部下树潜入树冠投影下的枯枝落叶层下,从7月上旬开始化蛹,蛹初时为鲜亮红色,后变为红褐色,最后变为黑褐色。已发育完全的成虫在蛹壳内越冬,至第二年4月中旬才开始羽化,到5月中旬羽化结束。羽化时先为雄蛾,两三天后雌蛾量增加。成虫具有强的趋光性和趋化性。羽化当天即可交尾,交尾后的雌蛾过1~2天便产卵于白桦树枝上,1~2年生的嫩枝上卵粒较多,每雌产卵量在160~280粒之间,平均为168粒,大发生时可以达到600粒,猖獗阶段末期产卵量下降,一般约为100粒。成虫寿命为6天左右,雌虫寿命最长为12天,平均为7天。4月末为产卵盛期,5月下旬产卵结束,卵初产时为黄白色,后变为灰色。孵化率约为80%;5月中旬卵开始孵化,5月下旬为孵化盛期,6月上旬孵化结束,初孵幼虫浅灰绿色,体毛不明显,在野外受惊后可以吐丝下垂。4~5龄幼虫期为暴食期,从5月下旬到6月末为幼虫为害期。6月下旬至7月上旬下树,但可以反复爬上树取食叶片,或取食灌木丛叶片。7月上旬开始化蛹,持续到8月上旬。蛹期最长,约为9个月。

防治历: 4月下旬~5月中旬,可以在蛹密度较高的地块设置黑光灯配套高压电网大量诱杀成虫。据乌尔旗汉林业局统计,每台诱虫灯诱杀中带齿舟蛾成虫数量在2000~5000头;据绰源林业局灯诱防治显示,诱蛾量可达2万~4万头。

6月上旬,对幼虫进行喷烟、喷雾或施放烟剂防治。

5~9月,应加强营林措施,改善环境条件,保护害虫的天敌。

图93-1　中带齿舟蛾成虫（雌）　　　　　图93-2　中带齿舟蛾成虫（雄）
（库都尔林业局 黎明 摄）　　　　　　（库都尔林业局 黎明 摄）

图93-3　中带齿舟蛾成虫（自然状态）
（乌尔旗汉林业局 苏桂云 摄）

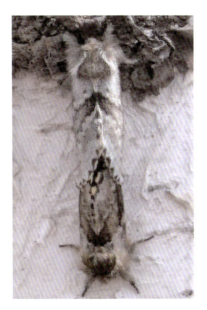

图93-4　中带齿舟蛾成虫（交尾状）
（库都尔林业局 宋晓勇 摄）

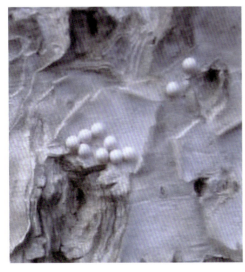

图93-5　中带齿舟蛾卵（白桦树皮上）
（库都尔林业局 宋晓勇 摄）

图93-6　中带齿舟蛾卵块（白桦树枝上）
（库都尔林业局 张春雷 摄）

图93-7 中带齿舟蛾初孵幼虫
（库都尔林业局 宋晓勇 摄）

图93-8 中带齿舟蛾下树后的老熟幼虫
（库都尔林业局 黎明 摄）

图93-9 中带齿舟蛾停止取食的老熟幼虫
（库都尔林业局 宋晓勇 摄）

图93-10 中带齿舟蛾蛹
（乌尔旗汉林业局 武裕东 摄）

图93-11 中带齿舟蛾枯枝落叶层中越冬的蛹
（乌尔旗汉林业局 武裕东 摄）

图93-12 中带齿舟蛾幼虫危害状
（库都尔林业局 黎明 摄）

图93-13 中带齿舟蛾危害状
（阿尔山林业局 陈玉杰 摄）

图93-14 中带齿舟蛾危害状生态照
（阿尔山林业局 陈玉杰 摄）

94. 杨二尾舟蛾 *Cerura menciana* Moor

分布与危害：分布十分广泛，除新疆、贵州、云南、广西、湖南、安徽外，几乎都有分布。内蒙古大兴安岭林区全境均有分布。啃食树叶，初孵幼虫取食卵附近的叶片，4龄以后幼虫分散取食，幼虫密度高时常将叶片食光，影响树木正常生长和绿化美化效果，甚至导致树木死亡。

寄主：杨、柳。

主要形态特征：成虫下唇须黑色。胸背有2列黑点，每列3个，翅基片有2个黑点。前翅灰白微带紫褐色，翅脉黑褐色，所有斑纹呈黑色，基部有3个呈鼎立状排列的黑点。老熟幼虫头部呈褐色，两颊具黑斑，体部呈叶绿色，第一胸节背面前缘呈白色，后面有1个紫红色三角形斑纹，体末端有2个褐色可以向外翻缩的长尾角。

生物学特征：北京、上海地区一年发生2代，河南等地一年发生3代。以蛹在树干近基部的茧内越冬。第一代成虫出现在5月中旬，第二代成虫出现在7月上旬。成虫有趋光性。卵散产在叶面上，每叶产卵1～3粒，每头雌蛾平均产卵200粒，卵期约12天。幼虫共5龄。初孵幼虫体黑色，非常活跃。幼虫受惊时，尾部翻起臀足，并不断摇动，以示警戒。4龄幼虫即进入暴食期。幼虫严重危害期分别发生在6月（第一代）和8月（第二代）。老熟幼虫呈紫褐色或绿褐色，体较透明，爬到树干上（多在干基处）咬破树皮和木质部吐丝结硬茧，茧紧贴树干，其颜色与树皮相同，具有保护作用。结茧后，幼虫在茧内3～10天化蛹越冬。

防治历：10月至翌年4月，结合树木养护管理，人工用木锤砸消灭茧蛹，在根际周围掘土灭蛹。茧紧贴树干，其颜色与树皮相似，需要认真搜寻。

4～9月，根据初龄幼虫阶段有群集性的特点，可人工将虫枝剪下或将幼虫振落后消灭。成虫期设置杀虫灯诱杀防治。幼虫期采用青虫菌稀释液1亿～2亿孢子/mL、Bt乳剂600倍液、25%灭幼脲悬浮剂1500倍液、2.5%溴氰菊酯乳油5000倍液或0.2%阿维菌素2000～3000倍液等喷雾防治。剪下的幼虫枝条集中销毁。

图94-1 杨二尾舟蛾成虫（雄）
（毕拉河林业局 汪大海 摄）

图94-2 杨二尾舟蛾幼虫（背面）
（管理局森防站 张军生 摄）

　　尽量减少使用化学农药，以保护舟蛾赤眼蜂、追寄蝇、寄小蜂、绒茧蜂、黑卵蜂和益鸟等天敌。使用化学农药时要注意人畜安全。

图94-3　杨二尾舟蛾幼虫（侧面）
（管理局森防站 张军生 摄）

95. 黑带二尾舟蛾 *Cerura vinula feline* (Butler)

分布与危害：分布于北京、河北、辽宁、吉林、黑龙江、甘肃等省。内蒙古大兴安岭林区全境均有分布。幼虫取食树木的叶片，低龄幼虫取食叶片造成叶片残留，叶脉呈网状，大发生时，可将寄主植物叶片吃光，影响树木的生长和发育。

寄主：杨、柳。

主要形态特征：成虫体灰白色，头和翅基片黄白色。胸背中线明显，有"八"字形黑纵带2条和黑斑10个；腹背黑色，每节中央有大灰三角形斑1个，斑内有黑纹2条，腹末节背有黑纵纹1条。前翅灰白色，亚基线有暗色宽横带，后翅外缘线由7个黑点组成。幼虫老熟时青绿至湖蓝色，先端紫红，颈部紫红色，腹足4对，臀足退化成1对枝状尾突。

生物学特性：北京、上海地区一年发生2代，以蛹在树干近基部的茧内越冬。第一代成虫出现在5月中旬，第二代成虫在7月上旬出现。成虫有趋光性，卵散产在叶面上，每叶产1～3粒，每头雌蛾平均产卵200粒，卵期约12天。幼虫共5龄。初孵幼虫体黑色，非常活跃。幼虫受惊时，尾部翻起臀足，并不断摇动，以示警戒。4龄幼虫即进入暴食期，食量占总食量的86%以上。第一代幼虫为害严重，发生在6月，第二代为害期发生在8月。

防治历：1～5月，可用木制锤人工砸树干上硬茧内越冬的蛹，起到预防作用。

5月中旬～6月上旬，利用成虫很强的趋光性，用杀虫灯诱杀防治成虫。不同地区成虫发生期不同，做好预测预报工作，掌握好诱杀时间。

6月上旬～7月，在幼虫期喷洒20%除虫脲悬浮剂2500～3000倍液、生物制剂Bt乳剂600倍液或1.8%阿维菌素3000倍液进行防治。

8～12月，秋、冬季人工清除树干上在硬茧内越冬的蛹。

图95-1 黑带二尾舟蛾成虫（雄）
（乌尔旗汉林业局 苏桂云 摄）

图95-2 黑带二尾舟蛾幼虫（背面）
（管理局森防站 张军生 摄）

发生不严重时，尽量不喷洒化学农药，以保护舟蛾赤眼蜂、追寄蝇、绒茧蜂、黑卵蜂和益鸟等天敌。

图95-3　黑带二尾舟蛾幼虫（正面）

96. 分月扇舟蛾 *Clostera anastomosis* (Linnaeus)

分布与危害：分月扇舟蛾又名银波天社蛾。分布于辽宁、吉林、黑龙江、内蒙古、河北、江苏、上海、广西、广东、湖南、湖北、四川、重庆、云南等地。内蒙古大兴安岭林区全境均有分布。该虫是杨、柳树主要食叶害虫之一，常吃光整株叶片，仅留下树枝和叶柄，致使树木生长势下降，可造成次期性有害生物入侵，影响材质及景观。

寄主：杨、柳、白桦等。

主要形态特征：成虫体灰褐色，头顶和胸背中央黑棕色。前翅暗灰褐色，有3条灰白色横纹，外缘顶角附近略带棕黄色，扇形斑近红褐色；翅中区圆形暗褐色斑由一灰白色线分成两半。后翅色较淡。雄虫腹部较瘦细，尾部有1丛长毛，体色比雌虫深。老熟幼虫纺锤形，头部褐色，胸、腹部暗褐色，中、后胸和腹部第二节背面各有2个红褐色瘤状突起，腹部第一节有1个大的黑色瘤状突起；第八节有黑色瘤状突起4个，其前有1对鲜黄色突起；两亚背线间除前胸、腹部第一、八节外，每节有白色突起1对。

生物学特征：在内蒙古大兴安岭林区一年发生1代，以3龄幼虫做薄茧在树下枯枝落叶层内越冬，翌年5月下旬越冬幼虫出蛰，上树群栖危害。6月中下旬结茧化蛹，7月上旬羽化、交尾、产卵。7月中旬羽化为幼虫，8月上旬做白色椭圆形茧越冬。初孵幼虫群栖于叶片上，经过一段时间开始剥食叶肉，叶片呈箩底状，逐渐枯黄。2龄后咬食叶片边缘，呈孔洞。幼龄害虫能吐丝下垂，随风传播。4龄后食量大增，咬食整个叶片，受惊后极易掉落地面。幼虫老熟后吐丝卷叶在其中化蛹，杨树叶被吃光后，便爬到周围的白桦、柞树、大黄柳、杜鹃和松树上结茧化蛹。成虫有趋光性，在河北一年发生2代。8月下旬以2龄幼虫下树在树皮裂缝、树周围枯枝落叶层及表层土壤中越冬，翌年4月中旬越冬代幼虫开始上树危害。

防治历：8月中下旬至翌年2月，可在林内人工收集树下落叶消灭越冬幼虫。早春剪除幼虫群居危害的芽鳞、叶苞，并集中烧毁。

5月中下旬～6月上旬，用3%高渗苯氧威3000～4000倍液、生物制剂Bt乳剂600倍液或1.8%阿维菌素3000倍液喷雾防治幼虫。在郁闭林内，阴天雨后，气温24 ℃时，可使用白僵菌0.5亿～1亿孢子/mL菌液喷雾防治2～3龄幼虫。越冬后幼虫上树多集中在树冠下层取食枝叶，便于防治，这时是实施喷雾的关键时期。

6月中下旬，人工摘除蛹茧叶和虫叶，集中烧毁或深埋，以达到防治幼虫和蛹的目的。

6月下旬～7月上旬，在林内挂置频振式杀虫灯诱杀成虫。成虫羽化始见期开始设灯。

5月中旬和8月上中旬，针对幼虫，可在树干下部或基部用溴氰菊酯毒笔划出双环或涂抹乳油，或在树干绑毒绳毒杀上树幼虫。该法在幼虫上树始见期实施，到始盛期结束，以2.5%～5%氯氰菊酯和柴油及机油配制成1∶30∶1的混合药液，用毛笔蘸足药，在树干胸高1～1.3 m处刷宽3 cm的闭合环。

图96-1 分月扇舟蛾成虫（雌）
（库都尔林业局 王玉宇 摄）

图96-2 分月扇舟蛾成虫（雄）
（绰源林业局 雷英 摄）

图96-3 分月扇舟蛾2龄幼虫
（管理局森防站 张军生 摄）

图96-4 分月扇舟蛾4龄幼虫
（管理局森防站 张军生 摄）

图96-5 分月扇舟蛾老熟幼虫
（管理局森防站 张军生 摄）

图96-6 分月扇舟蛾幼虫结茧化蛹
（管理局森防站 张军生 摄）

97. 四点苔蛾 *Lithosia quadra* (Linnaeus)

分布与危害： 国内分布于东北、内蒙古、陕西、云南；国外分布于日本、俄罗斯、欧洲。内蒙古大兴安岭林区分布于阿里河、大杨树、毕拉河、乌尔旗汉、库都尔等林业局。常伴随着阔叶树食叶害虫的发生。

寄主： 桦树、落叶松、樟子松、杨树、柳树、杂草等。

主要形态特征： 雌蛾橙黄色，前翅前缘中央与对应后缘稍上各有一发光的蓝黑色斑；雄蛾体橙色，触角黑色，前翅土黄色，前缘区有一蓝黑色带，端区较黑。幼虫头黑色，体暗红灰色，体背两侧各有一列红色毛瘤。

生物学特性： 一年发生1代，以卵越冬，春季5月中旬开始孵化，幼虫上树危害。6月为危害盛期。每天上午天气温暖时幼虫爬上树冠取食，当气温降低时又躲回到地面树干基部的落叶层中。6月下旬开始化蛹，7月上旬为化蛹高峰期。7月下旬羽化为成虫。成虫具有趋光性。成虫羽化后交尾产卵于树皮缝、苔藓下、枯枝落叶层下等处。

图97-1 四点苔蛾成虫（雌）
（库都尔林业局 王桂环 摄）

图97-2 四点苔蛾成虫（雄）
（绰源林业局 王桂环 摄）

防治历： 5月，调查幼虫上树量。

6月，可以利用1.2%苦参碱烟剂、1%的阿维菌素悬浮剂、1.2%的烟碱乳剂等生物农药进行防治。

7～8月，可以利用成虫的趋光性大量开展灯光诱杀，以降低下一年的种群数量。

图97-3 四点苔蛾幼虫（落叶松）
（图里河林业局 闫伟 摄）

图97-4 四点苔蛾幼虫（杂草）
（绰源林业局 王彦 摄）

98. 斑灯蛾 *Pericallia matronula* (Linnaeus)

分布与危害：国内分布于东北、内蒙古、河北等地；国外分布于日本、俄罗斯、欧洲。内蒙古大兴安岭林区分布于阿里河、大杨树、毕拉河、乌尔旗汉、库都尔等林业局。

寄主：柳、落叶松、忍冬、车前、蒲公英等。

主要形态特征：翅展75～92 mm，头部黑褐色有红斑，下唇须下方红色，上方与项黑色，触角黑色，但基部红色；胸部红色，具黑褐色宽纵带，颈板及翅基片黑褐色，外缘黄色；腹部红色，背面与侧面有一列黑点，亚腹面具一列黑斑。前翅暗褐色，中室基部有一黄斑，前缘区具3～4个黄斑；后翅橙色，横脉纹黑色新月形，中室下方有不规则的黑色中线斑，中室上外具一列黑斑，中间断裂。

图98-1 斑灯蛾成虫（雌）
（库都尔林业局 张丽 摄）

生物学特性：斑灯蛾一年发生1代，以卵越冬，5月中旬始孵化，幼虫上树危害或者取食杂草，6月下旬至7月上旬老熟幼虫化蛹，7月中下旬羽化为成虫。成虫经过交尾后产卵于杂草基部。卵经过孕育为幼虫后越冬。

防治历：4～5月，制定防治方案，确定防治地点和范围。

6月，开展烟剂防治或喷洒生物农药防治。

7～8月，灯光诱杀成虫。

图98-2 斑灯蛾成虫（自然状态）
（得耳布尔林业局 徐向峰 摄）

图98-3 斑灯蛾幼虫（危害胡枝子）
（得耳布尔林业局 徐向峰 摄）

图98-4 斑灯蛾幼虫（危害柳树）
（绰源林业局 雷英 摄）

图98-5 斑灯蛾幼虫（危害草类）
（绰源林业局 王彦 摄）

99. 黑地狼夜蛾*Ochropleura fennica* Tauscher

分布与危害：国内分布于黑龙江、新疆；国外分布于北美洲和欧洲。内蒙古大兴安岭林区仅分布于阿里河林业局。1988年曾在黑龙江大兴安岭火烧迹地内大发生，发生面积超过100万亩。

寄主：杨、柳、杜鹃、桦、落叶松等。

主要形态特征：体长约13 mm，翅展约38 mm。头部及胸部黑色杂白色，腹部淡灰褐色；前翅稍窄，底色紫棕色，在部带有黑色，红缘区较红，基线内线均双线黑色，剑纹窄长黑边，环纹、肾纹白色黑边，中央均有黑纹，中线黑色，外线双线黑色锯齿形，亚端线黑色波浪形，内侧有一列黑色齿形斑点，前缘脉上有三个白点，端线为一列黑点；后翅白色半透明，翅脉及端区污褐色，缘毛白色。卵为淡黄色，表面有细棱。幼虫头及体黑色，亚背线较阔，由三列白点及线段组成，气门下线粗，白色，波浪形，由2平行线组成。蛹褐色。

生物学特性：一年1代，以1龄幼虫在土内越冬，5月中旬出蛰活动危害，6月上旬下树化蛹，在土中做蛹室。6月末成虫羽化并产卵，产卵于土表；因为化蛹不整齐，所以成虫羽化也不整齐，成虫在9月份也可见到。成虫产卵量300多粒，卵期1个月。幼虫有迁移习性。

防治历：4月，制定防治方案，确定防治地点和范围。

5～6月，开展烟剂防治或喷洒生物农药防治。

7～8月，灯光诱杀成虫。

9月，开展越冬前幼虫越冬量调查。

图99-1　黑地狼夜蛾成虫
（引自《大兴安岭昆虫图册》 张立志）

100. 梦尼夜蛾 *Orthosia incerta* Hufnagel

分布及危害：国内分布在黑龙江、吉林、新疆、宁夏、陕西、浙江等地；国外分布在欧洲、土耳其、日本及印度。内蒙古大兴安岭林区分布于全境。梦尼夜蛾曾于1967年在内蒙古大兴安岭林区阿尔山林业局大发生过，主要危害山杨；此后也于1982年在图里河林业局小面积发生危害，主要危害白桦，发生面积仅为100 hm²；1998年后虫口密度呈上升趋势，1999～2000年在绰源林业局相伴白桦尺蠖和中带齿舟蛾大发生，其发生量约占总虫量的15%；2000年在图里河林业局发生虫口密度达到30头/株；2016年在内蒙古大兴安岭林区阿尔山林业局伴随中带齿舟蛾发生。

寄主：白桦、山杨、栎、榆、柳、黑桦等。幼虫主要危害树叶。

主要形态特征：梦尼夜蛾成虫体长14 mm左右，头部淡褐黄色杂灰色，下唇须外侧杂黑色；腹部褐黄色，背面带褐色；前翅灰褐色，散布细黑点，前后缘区黑点稍密，基线和内线不明显，前端为黑点，环纹及肾纹不明显，肾纹后半部微带黑色，外线锯齿形，在各翅脉上为黑点，亚端线淡黄色，内衬黑棕色边；后翅污白色。卵集中产于寄主的凹陷处、树皮缝等处，扁圆形，长约1.1 mm，宽约0.9 mm。初产卵为白色，后颜色加深，变为深褐色、深灰色，卵外可见到幼虫黑色的头壳。幼虫共5龄，老熟幼虫体长40 mm左右，绿色，气门上线和亚背线为黄白色，背线为白色，体表光滑。蛹体长16 mm左右，暗棕色，与白桦尺蠖和中带齿舟蛾的蛹几等大，臀刺2根，呈"八"字形，端部呈稍弯曲状。

生物学特性：在内蒙古大兴安岭地区一年发生1代，7月中下旬幼虫开始下树，较白桦尺蠖和中带齿舟蛾晚10天左右，并在枯枝落叶层下化蛹越冬。翌年4月中旬开始羽化，4月下旬为羽化盛期，同时交尾产卵于桦树皮剥落处或死亡的结节处，或产在其他阔叶树死节处或杂草叶基。卵于5月中旬开始孵化，5月下旬为孵化盛期。幼虫共5龄，危害盛期为6月下旬至7月中旬。

防治历：4月中下旬～5月中旬，可以在蛹密度较高的地块设置黑光灯配套高压电网大量诱杀成虫。

图100-1 梦尼夜蛾成虫（雌）
（库都尔林业局 王玉宇 摄）

图100-2 梦尼夜蛾成虫（雄）
（绰尔林业局 李雅琴 摄）

　　6月上旬，对幼虫进行1%阿维菌素油剂喷烟防治，或1%的阿维菌素乳剂、1.2%的阿维菌素、3%高渗苯氧威、生物制剂或Bt乳剂、白僵菌喷雾防治；也可施放苦参碱烟剂实施防治。

　　5～9月，加强营林措施，改善森林环境条件，保护害虫的天敌。

图100-3　梦尼夜蛾成虫群集树木伤口处补充营养　　　　　图100-4　梦尼夜蛾成虫群集白桦伤口处补充营养
　　　（管理局森防站 张军生 摄）　　　　　　　　　　　　　（管理局森防站 张军生 摄）

　　　图100-5　梦尼夜蛾幼虫　　　　　图100-6　梦尼夜蛾老熟幼虫　　　　图100-7　梦尼夜蛾幼虫危害状
　　（管理局森防站 张军生 摄）　　　（管理局森防站 张军生 摄）　　（管理局森防站 张军生 摄）

图100-8　梦尼夜蛾危害状生态照
（管理局森防站 张军生 摄）

101. 模毒蛾 *Lymantria monacha* (Linnaeus)

分布与危害： 模毒蛾属于鳞翅目毒蛾科毒蛾属，俗称松针毒蛾、僧尼毒蛾、油杉毒蛾，是世界性的大害虫。国内分布于辽宁、吉林、黑龙江、浙江、台湾、四川、云南、贵州等地；国外分布于欧洲、亚洲、北美洲。在内蒙古大兴安岭林区全区均有分布。从20世纪90年代中期以来，该虫在内蒙古大兴安岭林区发生面积和危害程度逐年加大加重，1994～1996年发生面积达6000 hm²，造成部分落叶松死亡。2011年在阿尔山突然暴发，发生面积2.7万hm²，落叶松受害率达80％，平均虫口密度为142头／株，最高虫口密度达1000头／株，受灾林分似火烧一样。2014～2016年在乌尔旗汉、库都尔和图里河大面积暴发，危害白桦和落叶松两种林分类型，发生面积约13万hm²，其中轻度发生4万hm²，中度发生3万hm²，重度发生6万hm²，成灾面积5.5万hm²。树叶在短短十几天内就被模毒蛾蚕食殆尽，不但影响到树木的正常生长，还引起树势衰弱、抗性降低，导致次期性害虫入侵，甚至造成树木大量死亡，严重威胁落叶松林的生存和绿色屏障功能的发挥，影响林业可持续发展。

寄主： 落叶松，云杉属，白桦等。危害部位为叶子。

主要形态特征： 雌成虫全体灰白色，体长25～28 mm，翅展50～60 mm。头部球形较小，触角短栉齿状。喙退化，下唇须较显著。前翅灰白色，翅面具有4条黑色锯齿状横带，靠近外缘一条较宽，中室顶端具"＜"形黑色斑纹，前缘室内有2个灰黑色斑点。后翅灰白色无斑纹，缘毛灰色或棕色。雄成虫色泽较深，体长15～17 mm，翅展30～45 mm。触角长栉齿状。翅面斑纹与雌蛾相似，但比较清晰。成虫胸部和腹部腹面均密生粉红色绒毛。也有变异为黑色的。卵圆形略扁，初产时为黄白色，至胚胎发育后期转变为褐色。幼虫共有5龄，初孵幼虫全体黑色，2龄幼虫体呈灰黑色，3～5龄呈灰黑色，体表被黄绿色。老熟幼虫全体黄绿色；自中胸至腹部第九节具有数条黑色纵带，其中背线黑色较细，亚背线黑色较背线为宽；气门上线、气门线和气门下线色泽较浅，均呈褐色或灰褐色，但较其他各线为宽。头部黄褐色，沿唇基有一"八'字形黑色斑纹。前胸背板黄色，各体节均具多数发达的橙色毛瘤。特别是前胸与腹部第九节的毛瘤更为发达，其上具有较长的毛束，并向前、后伸出。腹部第六、七节背面中央各具1个小型黄色翻缩腺。胸足黑色，腹足暗灰色，趾钩为单序中带。蛹体长18～25 mm，全体棕褐色具光泽，纺锤形，各节具有放射状排列的短刚毛，腹末有长短不一的小钩状臀棘。化蛹时所结丝茧极稀疏。

生物学特性： 模毒蛾在内蒙古大兴安岭阿尔山林区一年发生1代，其中越冬卵块5月下旬开始孵化，孵化始见期为5月22日，幼虫期50天左右，7月上旬进入预蛹期，2～5天后始化蛹。模毒蛾初化蛹时结薄薄的丝茧，多数悬挂于树枝下端，部分在枝上，蛹期15～16天，始见期为7月6日，始盛期为7月8日，高峰期为7月13日，盛末期为7月19日。成虫始见期为7月20日，始盛期为7月22日，高峰期为7月26日，盛末期为7月29日，终止期为8月7日。成虫持续期约19天。羽化一天后交尾产卵。雌雄性比为1∶1.12，雄虫比雌虫早羽化1天，雄虫羽化后与雌蛾在树枝上交尾，雌虫寿命约为7天，雄虫寿命约为5天。成虫喜光，飞翔能力强。交尾后的雌蛾第2天落到松针层上将产卵器扎在枯枝落叶层表面下3 mm内产卵，少部分产到树皮缝内，卵每30粒左右形成一个卵块，卵分3～4天产完，雌蛾平均产卵量为110粒，最高达450粒，最少为40粒，一般30粒左右为一卵块，表面附着黄色胶体保护，所产的卵块与枯松针色相仿，一般很难发现。以卵的形式越夏越冬。卵期从7月下旬一直持续到第二年的5月下旬，近10个月时间。

图101-1 模毒蛾 成虫（雌）
（库都尔林业局 宋晓勇 摄）

图101-2 模毒蛾成虫（雄）
（管理局森防站 张军生 摄）

防治历：1～3月，制定防治方案。

4～5月，监测调查越冬卵块密度及有效卵数；在落叶松林和白桦林内分别设标准地，按照"Z"字形选20株样树设置围环，围环高度为树胸高约1.3 m处，环口向下，上面及侧方用胶带封严实。

5月末～6月初，调查孵化后害虫的上树量。

6月，开展幼虫苦参碱烟剂防治，1个烟剂可防治2～3亩，防治范围超过300米应补设烟点带；也可以开展阿维菌素、烟参碱、灭幼脲等药物喷雾防治。

7～8月，开展灯诱及性诱剂干扰防治成虫。

9月，开展越冬卵块的前期调查，为趋势分析及预报作好准备。

图101-3 模毒蛾在落叶松树枝上的成虫
（阿尔山林业局 陈超 摄）

图101-4 模毒蛾黑化型成虫
（管理局森防站 张军生 摄）

图101-5 模毒蛾初产卵
（阿尔山林业局 陈超 摄）

图101-6 模毒蛾越冬卵
（乌尔旗汉林业局 苏桂云 摄）

图101-7 模毒蛾枯枝落叶层中越冬的卵块
（阿尔山林业局 陈超 摄）

图101-8 模毒蛾幼虫
（管理局森防站 张军生 摄）

图101-9 模毒蛾三龄幼虫
（管理局森防站 张军生 摄）

图101-10 模毒蛾四龄幼虫
（管理局森防站 张军生 摄）

图101-11 模毒蛾老熟幼虫
（管理局森防站 张军生 摄）

图101-12 模毒蛾蛹及茧
（管理局森防站 张军生 摄）

图101-13 模毒蛾蛹
（阿尔山林业局 陈超 摄）

图101-14 模毒蛾幼虫被寄蝇寄生
（管理局森防站 张军生 摄）

图101-15 模毒蛾落叶松被害状
（阿尔山林业局 陈超 摄）

图101-16 模毒蛾桦树被害状生态照
（管理局森防站 张军生 摄）

图101-17 模毒蛾信息素诱捕器
（库都尔林业局 王玉宇 摄）

图101-18 烟剂防治模毒蛾
（阿尔山林业局 陈超 摄）

102. 舞毒蛾 *Lymantria dispar* (Linnaeus)

分布与危害：分布于黑龙江、吉林、辽宁、内蒙古、陕西、宁夏、甘肃、青海、新疆、河北、山西、山东、河南、湖北、四川、贵州、江苏、台湾等地。舞毒蛾分布广，寄主种类多，适应性强，取食量大，是经常造成灾害的主要林业害虫。大发生时，将大片树林、行道树、农田防护林吃光，造成树势衰弱，影响生长量。多种蔷薇科果树受害严重，常造成果实减产。

寄主：能取食500余种植物，以栎、杨、柳、榆、桦、槭、椴、云杉、落叶松以及多种蔷薇科果树为主。

主要形态特征：成虫雌雄异型，雄蛾前翅灰褐色或褐色，有深色锯齿状横线，中室中央有1个黑褐色点。横脉上有一弯曲形黑褐色纹。前后翅反面黄褐色。雌蛾前翅黄灰白色，中室横脉明显，有1个"<"形黑褐色斑纹，其他斑纹与雄蛾近似。前后翅外缘每两脉间有个黑褐色斑点。雌蛾腹部肥大，末端着生黄褐色毛丛。卵粒密集成卵块，上被黄褐色绒毛。1龄幼虫体黑褐色，刚毛长；2龄幼虫胸腹部明显出现2块黄色斑纹；3龄幼虫胸腹部花纹增多；4龄幼虫头面出现2条明显黑斑纹；6、7龄幼虫头部淡褐色，散生黑点，"八"字形黑色纹宽大。背线灰黄色，亚背线、气门上线及气门下线部位各体节均有毛瘤，共排成6纵列，背面2列毛瘤色泽鲜艳，前5对为蓝色，后7对为红色。

图102-1 舞毒蛾成虫（雌）
（绰尔林业局 孙金海 摄）

图102-2 舞毒蛾成虫（雌）
（莫尔道嘎林业局 于勇华 摄）

生物学特性：一年发生1代，以卵越冬。在辽宁，翌年春4月中旬至5月初幼虫孵化，初孵幼虫群集在卵块上，初龄幼虫借助风力传播，幼虫期40～50天。6月上旬老熟幼虫聚在树皮缝隙及建筑物等处，吐丝将其缠绕以固定虫体预蛹，预蛹期72～84小时。绿色的初蛹从预蛹幼虫中蜕出。蛹期16～20天，6月末7月初成虫羽化，羽化后当晚进行交尾，交尾后寻找树干及建筑物产卵，产卵1～3块，每块卵100～343粒不等，初产卵杏黄色，逐渐由绿变赤褐色，表面覆盖黄褐色绒毛。每头雌蛾可产卵700～1000粒，卵2～3天孵化，初孵幼虫先取食幼芽，后蚕食叶片，大龄幼虫将老、嫩叶片全部食光。雄成虫有白天活动的习性，夜晚寻找雌成虫交尾，雌成虫夜晚活动，飞翔能力不强，白昼伏在枝头静止不动，有较强的趋光性。雌虫有群集产卵的特性。

防治历：5月上旬，针对幼虫，可喷洒20%灭幼脲Ⅲ号，用药量为450～600 mL/hm²，或25%

杀铃脲，用药量为150～300 mL/hm²；5亿孢子/g浓度Bt乳剂，用药量750 mL/hm²；1.8%阿维菌素乳油，用药量105～150 mL/hm²。在幼虫3～4龄期开始分散取食前使用。

　　5月中旬～6月下旬，针对幼虫，可喷洒2.5%溴氰菊酯乳油进行防治，用药量为600 mL/hm²。在幼虫4～6龄期使用。

　　6月末～7月初，应用杀虫灯诱杀成虫。成虫羽化前设置。

　　7月至翌年4月，人工刮除树干、墙壁上的卵块。集中烧毁。

图102-3 舞毒蛾成虫（雄）
（绰尔林业局 孙金海 摄）

图102-4 舞毒蛾成虫（雄）
（莫尔道嘎林业局 于勇华 摄）

图102-5 舞毒蛾成虫（雄）
（管理局森防站 张军生 摄）

图102-6 舞毒蛾雄成虫（自然状态）
（管理局森防站 张军生 摄）

图102-7 舞毒蛾雄成虫（自然状态及产卵）
（绰尔林业局 郝新东 摄）

图102-8 舞毒蛾卵块
（得耳布尔林业局 徐向峰 摄）

图102-9 舞毒蛾卵块
（得耳布尔林业局 韩永民 摄）

图102-10 舞毒蛾初孵幼虫
（绰尔林业局 郝新东 摄）

图102-11 舞毒蛾幼虫（危害稠李）
（管理局森防站 张军生 摄）

图102-12 舞毒蛾幼虫（危害落叶松）
（管理局森防站 张军生 摄）

图102-13 舞毒蛾4龄幼虫（危害稠李）
（得耳布尔林业局 徐向峰 摄）

图102-14 舞毒蛾老熟幼虫（危害柳树）
（管理局森防站 张军生 摄）

图102-15 舞毒蛾老熟幼虫（危害落叶松）
（管理局森防站 张军生 摄）

图102-16 舞毒蛾幼虫头部特征
（引自吉林省森防站皮忠庆的照片）

图102-17 舞毒蛾柳树上的茧
（管理局森防站 张军生 摄）

图102-18 舞毒蛾落叶松上的茧
（管理局森防站 张军生 摄）

图102-19 舞毒蛾蛹
（管理局森防站 张军生 摄）

图102-20 舞毒蛾将要羽化的蛹
（得耳布尔林业局 徐向峰 摄）

图102-21 舞毒蛾危害状
（管理局森防站 张军生 摄）

103. 杨毒蛾 *Stilpnotia candida* Staudinger

分布与危害：杨毒蛾又名杨雪毒蛾。分布于河北、山西、内蒙古、辽宁、吉林、黑龙江、福建、江西、山东、河南、湖北、湖南、四川、云南、西藏、陕西、青海、新疆等地，是杨树常见食叶害虫。多于嫩梢取食叶肉留下叶脉，4龄以后取食整个叶片，严重时将全株叶片食光，形如火烧状。大发生时，将杨树叶全部吃光，受害树木生长势衰弱，易被蛀干害虫侵入，还可引发树干腐烂病，造成林木成片死亡。

寄主：杨树（山杨、黑杨、赤杨、中东杨、小叶杨、小青杨）、柳树、白蜡、白桦及榛树。

主要形态特征：成虫全身被白色绒毛，稍有光泽。复眼漆黑色。触角雌蛾为栉齿状，雄蛾为羽状，主干黑色，有白色或灰白色环节。足黑色，腔节和跗节具有白色的环纹。老熟幼虫呈黑褐色，头部为暗红褐色。背部中线为黑色，两侧为黄棕色，其下各有1条灰黑色纵带。每体节都有黑色或棕色毛瘤8个，形成一横列，其上密生黄褐色长毛及少量黑色短毛。

生物学特征：黑龙江一年发生1代，以3龄幼虫于8月越冬，翌年4月下旬杨树展叶时上树危害，多于嫩梢取食叶肉，留下叶脉。受惊扰时，立即停食不动或迅速吐丝下垂，随风飘往他处。老龄幼虫则少有吐丝下垂现象，受惊也不坠落。4龄以后能食尽整个叶片，大发生时，往往数日即将树叶吃光。每龄幼虫在蜕皮前停食2～3天，蜕皮后停食1天。幼虫有强烈的避光性，老龄幼虫更为明显，晚间上树取食，白天下树隐蔽潜伏。幼虫有群集性，白天下树潜伏或隐蔽及蜕皮，多集中在树洞内或干基周围30 cm之内的枯枝落叶层下，有的成团潜伏在一起，并喜阴湿。6月上旬幼虫老熟，寻找隐蔽场所吐丝作茧，进入预蛹期，约经3天蜕皮成蛹。6月下旬为化蛹盛期。蛹群集，往往数头由臀棘缀丝连在一起。6月中旬成虫开始羽化。成虫白天静伏于叶背、小枝、杂草中。成虫具较强的趋光性，雌蛾比雄蛾明显。卵成卵块，产于树冠下部枝条的叶背面、小枝和树干、杂草，甚至建筑物上。7月上旬幼虫孵化。初孵幼虫多静伏或藏于隐蔽处，20小时后才开始活动、取食，危害一直持续到8月。老熟幼虫在枯枝落叶层、杂草丛、土层、树皮缝等处越冬。杨树干基萌芽条及覆盖物多时，发生严重。

防治历：4～5月，针对幼虫，用25%敌杀死、氧化乐果、废机油按1∶1∶10的比例配成药油混合液（体积比）充分搅拌均匀后，在树干高1.2 m处涂毒环，环宽15 cm为宜。也可用2.5%溴氰菊酯与废机油按1∶1的比例，配成药油混合液，浸泡包装用纸绳制成毒绳，在树干胸径处缠绕2周。根据杨毒蛾白天下树隐藏、晚间上树危害的习性，在树干上涂（绑）闭合毒环、毒绳，或用1%苦参碱可溶性液剂800倍液、25%灭幼脲Ⅲ号3000倍液、Bt乳剂500倍液等对树冠喷药。

6月，成虫期用杀虫灯诱杀或悬挂性信息素诱捕器诱杀成虫。每隔3～5棵树挂1个诱捕器，可诱杀10 m以内的成虫。性信息素诱捕器应在成虫羽化前设置。

7～8月，喷施1%苦参碱可溶性液剂800倍、25%灭幼脲Ⅲ号3000倍液、1.8%阿维菌素乳油1000～2000倍液或35%吡虫啉乳油1000～2000倍液等防治低龄幼虫。

注意保护寄生蜂和招引灰喜鹊等天敌。营造阔叶混交林、针阔混交林。封山育林，改善林分环境，促进森林健康。

图103-1 杨毒蛾成虫
（莫尔道嘎林业局 刘雪迎 摄）

图103-2 杨毒蛾低龄幼虫
（莫尔道嘎林业局 刘雪迎 摄）

图103-3 杨毒蛾幼虫

104. 柳毒蛾 *Stilpnotia salicis* (Linnaeus)

分布与危害： 柳毒蛾又名雪毒蛾。分布于天津、河北、内蒙古、辽宁、吉林、黑龙江、江苏、山东、河南、西藏、陕西、宁夏、青海、甘肃、新疆等地。为害猖獗时，短期内将树木叶子全部吃光，严重影响树木生长。

寄主： 主要危害杨、柳，其次危害白蜡、槭、榛子。

主要形态特征： 成虫全体着生白色绒毛。复眼圆形、黑色。雌蛾触角短，双栉齿状，触角干白色；雄蛾触角羽毛状，干棕灰色。足胫节和跗节有黑白相间的环纹。体翅白色，有丝质光泽。老熟幼虫头黑色，有棕白色绒毛，体背各节有黄色或白色接合的圆形斑11个，第4、第5节背面各生有黑褐色短肉刺2个。除最后一节外，其余两侧横排棕黄色毛瘤3个，各毛瘤上分别着生长、短毛簇；体背每侧有黄或白色细纵带各1条，纵带边缘黑色。胸足黑色。

生物学特性： 一年发生2~3代，以2龄、3龄幼虫越冬。4月下旬越冬幼虫开始活动，5月上中旬为越冬代幼虫危害盛期。5月中旬开始化蛹，下旬出现成虫并交尾产卵。6月中下旬为第一代幼虫危害期，8月上中旬为第二代幼虫危害期。第二代幼虫于8月下旬在树皮缝内吐丝做一小槽或结灰色薄茧越冬。而一年3代的，9月中下旬幼虫轻度危害后于月底或10月初越冬。卵产在树干表皮、枝条、叶背等处，幼虫多数6龄，少数5龄。幼虫1~2龄时隐于叶背，只取食叶肉。幼虫有群集性，一般10条左右聚集在一起，触动时能吐丝下垂。3龄后分散取食整个叶片，没有吐丝下垂的习性。末龄幼虫食叶量占总食叶量的80.7%。蜕皮前吐灰色薄丝做一小巢，虫体缩短。幼虫老熟后吐丝卷叶化蛹或在树皮裂缝、结疤、残留的叶柄等处吐丝缠身后化蛹。成虫白天多数隐蔽于树干、叶背等处，趋光性很强。纯杨树林受害严重，混交林带，如杨、榆、白蜡、沙枣、樟子松等树种混交的林分受害轻，并能抑制害虫传播蔓延。

图104-1 柳毒蛾成虫（雌）
（乌尔旗汉林业局 苏桂云 摄）

防治历： 4~5月，针对幼虫，用25%敌杀死、氧化乐果、废机油按1：1：10的比例（体积比）配成药油混合液充分搅拌均匀后，在树干高1.2 m处涂毒环，环宽15 cm为宜。也可用2.5%溴氰菊酯与废机油按1：1比例混合，配成药油混合液，浸泡包装用纸绳制成毒绳，在树干胸径处绑缚。老熟幼虫开始活动后，在树下喷洒45%辛硫磷乳油300~500倍液，可杀死下树昼伏幼虫。树干上涂毒环、绑毒绳一定要闭合。还可用1%苦参碱可溶性液剂800倍液、25%灭幼脲Ⅲ号3000倍液或Bt乳剂500倍液等树冠喷药防治，在卵孵化盛期及初龄幼虫期施药。

6月，成虫期用杀虫灯诱杀，或在成虫产卵前设置性诱捕器诱杀成虫，诱捕器每隔3~5棵树挂1个，可诱杀10 m以内的成虫。

7~8月，针对小幼虫，选用1.8%阿维菌素乳油1000~2000倍液、35%吡虫啉乳油1000~2000倍液或2.5%敌杀死乳油3000～4000倍液等树冠喷雾。

　　注意保护寄生蜂和招引食虫鸟等天敌。营造阔叶混交林、针阔混交林。封山育林，改善林分环境，促进森林健康。

图104-2　柳毒蛾成虫（雄）
（乌尔旗汉林业局 包春艳摄）

图104-3　柳毒蛾交尾成虫
（管理局森防站 张军生摄）

图104-4　柳毒蛾卵
（乌尔旗汉林业局 苏桂云摄）

图104-5　柳毒蛾幼虫（侧面）
（管理局森防站 张军生 摄）

图104-6　柳毒蛾幼虫（正面）
（管理局森防站 张军生 摄）

图104-7　柳毒蛾蛹
（乌尔旗汉林业局 苏桂云 摄）

图104-8　柳毒蛾树叶被害状
（乌尔旗汉林业局 阎焕刚摄）

105. 榆毒蛾 *Ivela ochropoda* (Eversmann)

分布与危害：分布于辽宁、吉林、北京、天津、河北、山东、河南、山西、宁夏等地。内蒙古大兴安岭林区分布在毕拉河、大杨树、阿里河等林业局。幼龄幼虫危害叶肉，残留叶脉，受害部分干枯而呈现孔洞。大龄幼虫由边缘蚕食，叶片呈现缺刻，其停留之处密布丝网，以便其附着站立，严重时整株树叶全被吃光，尤其早春幼虫危害最重。

寄主：榆树。

主要形态特征：成虫体白色，体上有白色鳞毛，触角栉齿状，雄虫栉齿显著，雌虫甚短。前足腿节端半部及胫节和跗节、中后足胫节端部及跗节均为橙黄色。卵鼓形，灰黄色，外被灰黑色分泌物，成串排列。幼虫各体节背面具白色毛瘤，毛瘤基部周围为白色，瘤毛颇长，灰褐色。蛹体黄色，背线为明显黄色。

生物学特性：一年发生2代，以幼龄幼虫在树皮缝隙中群居越冬。4月上中旬越冬幼虫开始活动取食，6月上中旬开始化蛹和成虫羽化。第一代幼虫于6月下旬出现，7月底、8月初成虫大量羽化。9月底、10月初第二代幼虫开始在树皮下或缝隙空洞中越冬。成虫以夜间活动为主，有时白天出现活动，趋光性强，白天多隐伏在叶片背面或树丛枝条上不动。卵多产在幼嫩枝条或叶片背面，成串排列，外被灰黑色分泌物，非常坚固。老熟幼虫在树叶背面或树下灌木丛叶上或杂草上吐丝连缀毒毛化蛹。

防治历：10月至翌年4月，搜寻树皮处的越冬幼虫，刮除越冬幼虫并集中烧毁。

4～5月，在幼虫盛发期用1%苦参碱可溶性液剂800倍液、25%灭幼脲Ⅲ号3 000倍液、Bt乳剂500倍液、1.8%阿维菌素乳油1 000～2 000溶液、35%吡虫啉乳油1 000～2 000倍液等树冠喷雾防治幼害。

7～8月，利用杀虫灯诱杀成虫。晚上开灯，灯底部距地面1.0～1.5 m为宜。无杀虫灯时用白炽灯也可。

9～10月，越冬前调查幼虫虫口密度，为下一年的防治工作奠定基础。

图105-1 榆毒蛾成虫

图105-2 榆毒蛾幼虫

（管理局森防站 张军生 摄）

106. 古毒蛾 *Orgyia antique* (Linnaeus)

分布与危害：国内分布于黑龙江、吉林、辽宁、内蒙古、河北、山西、山东、河南、甘肃、青海、宁夏、西藏；国外分布于蒙古、朝鲜、日本、俄罗斯、欧洲。内蒙古大兴安岭林区辖区均有分布。为伴生模毒蛾和舞毒蛾发生的种类。

寄主：杨柳、桦、榛、栎、椴、云杉、落叶松、樟子松、杜鹃等。

主要形态特征：雌蛾体长约20 mm，纺锤形，头胸小，腹部肥大。触角短栉齿状，复眼黑色。翅退化，被黄白色鳞，足粗壮，黑色，稀被灰白色短毛，体壁黑色，被疏灰白色毛。雄蛾有翅，体长约12 mm，翅展约30 mm，触角羽状，均栗褐色，前翅亚外缘在线后部外侧有一个弯月形白斑，后翅色泽同前翅，无清晰斑纹。卵灰白色，有一棕色圆凹陷。幼虫体表灰色，头黑色，前胸及第一、二腹节、第八腹节各有1束长毛，分别为灰黄色、黑色和黑色，第一至第四腹节背面有淡黄色毛刷状毛簇。胸部各节有红黄褐灰色毛瘤。蛹淡黄色至黑褐色。

图106-1 古毒蛾成虫（雌）

图106-2 古毒蛾成虫（雄）

图106-3 古毒蛾卵块
（管理局森防站 张军生 摄）

生物学特性：一年发生1代，以卵块在树皮缝、溃疡斑凹处越冬。6月上中旬孵化为幼虫，一般5龄，历期50天左右，于8月上旬化蛹。蛹期16天，于8月下旬羽化。卵产于丝茧外面，平均产卵量350粒。

防治历：卵期长，可在1～5月或8～10月间人工采集卵块集中销毁；

6～7月，幼虫期，采取苦参碱烟剂防治，或用阿维菌素等生物农药喷雾防治。

8～9月，使用灯光诱杀雄成虫，也可用信息素诱杀防治成虫或干扰其交配。

图106-4 古毒蛾2龄幼虫
（管理局森防站 张军生 摄）

图106-5 古毒蛾老熟幼虫（背面）
（管理局森防站 张军生 摄）

107. 角斑古毒蛾*Orgyia gonostigma*（Linnaeus）

分布与危害： 国内分布于黑龙江、吉林、辽宁、内蒙古、河北等地；国外分布于日本，朝鲜、俄罗斯、欧洲。内蒙古大兴安岭林区全境均有分布。以幼虫取食多种林木的叶片、花苞、嫩枝皮层，常将叶片全部吃光，造成树势减弱，影响林木生长甚至造成树木死亡。

寄主： 杨、柳、桦、栎、榛、桤木、花楸、落叶松、山楂等。

主要形态特征： 成虫雌雄异型，雌虫体大，密被深灰色短毛、黄色和白色绒毛，翅退化，只留痕迹；雄虫体长12～22 mm，黑褐色，触角长双栉齿状，触角干锈褐色。前翅黄褐色，外线双线锯齿形，亚端线前缘白色，其余黑色；前缘处有一赭黄色斑，后缘处有一新月形白斑，缘毛暗褐色有赭黄色斑。后翅栗色，缘毛黄灰色。卵约0.9 mm，倒馒头形，卵孔处凹，花瓣形，外有一环纹，乳白色，微有光泽。老熟幼虫体长33～40 mm，头部灰黑色，体黑灰色，被黄色和黑色毛，亚背线有白色短毛。前胸背面两侧各有1束黑

图107-1 角斑古毒蛾成虫（雄）

色羽状毛组成的长毛束，第一至第四腹节背面中央各有1黄灰色短毛刷，第八腹节背面中央有1撮向后斜出的黑色长毛束。蛹黑褐色，背面有黄色毛。

生物学特性： 一年发生1代，以2～3龄幼虫在枯枝落叶层下或树皮缝隙中越冬。翌年5月中下旬越冬幼虫开始取食为害，6月下旬至7月上旬老熟幼虫大部分结茧化蛹，7月初开始羽化。雄蛾白天活动，雌蛾产卵于茧的表面，卵分层排列并且盖有雌蛾腹部末端的毛，每一卵块由200粒左右的卵粒组成，卵期15天左右。

防治历： 5月，利用越冬幼虫出蛰危害上树的特点，可以采

图107-2 角斑古毒蛾 三龄幼虫
（管理局森防站 张军生 摄）

取阻隔法防治，也可在树干部喷毒环防治。

　　5～6月，幼虫期可喷施5%吡虫啉乳油2000倍液、25%灭幼脲Ⅲ号3000倍液或角斑古毒蛾核型多角体病毒等进行防治。

　　6～7月，组织人力进行摘茧防治。

　　7月，灯光诱杀成虫，或利用性信息素引诱及干扰交配法防治。

　　7月上旬至7月下旬，组织人力摘除卵块。

　　1～12月，保护并利用天敌，如毒蛾卵啮小蜂、舞毒蛾黑瘤姬蜂、黑青金小蜂、蓝绿啮小蜂等。

图107-3　角斑古毒蛾幼虫（侧面观）　　　　　图107-4　角斑古毒蛾幼虫（背面观）
　（管理局森防站张军生 摄）　　　　　　　　　（管理局森防站张军生 摄）

108. 杉茸毒蛾 *Dasychira abietis* (Schiffermuller et Denis)

分布与危害： 杉茸毒蛾又名冷杉毒蛾。国内分布于黑龙江、内蒙古；国外分布在日本、朝鲜、俄罗斯。内蒙古大兴安岭林区境内均有分布。

寄主： 兴安落叶松、樟子松、红皮云杉、栎树及杂草等。

主要形态特征： 成虫体暗灰褐色，腹部黄褐色，末端色暗。雄蛾前翅灰褐色带黑褐色斑纹，横脉纹深黑褐色，亚基线黑色，有一大锯齿，内线为一黑褐色宽带。外波浪形，黑褐色，亚外缘线灰白色波浪形，端线由黑褐色小斑点构成，缘毛黑白相间，后翅暗灰棕色。雌蛾较雄蛾色浅。卵黄色半球形。老熟幼虫体长约37 mm，头绿色，体浅绿色杂白色和黑色斑，密生黑白色毛，前胸背部两侧着生前伸的黑长毛束，第八腹节背部中央着生后伸的褐黄色毛束；腹部背面第一至第四节着生褐黄色毛刷，腹部第七节背中央有毒腺。蛹暗红色，着生毒毛簇。

图108-1 杉茸毒蛾成虫
（引自《大兴安岭昆虫图册》张立志 图）

生物学特性： 一年发生1代，以幼龄在枯枝落叶层下越冬，翌年5月中旬幼虫出蛰。幼虫6龄，6月中下旬做茧化蛹，蛹期25天左右。7月下旬成虫出现，成虫具有较强的趋光性。8月上旬卵开始孵化。

防治历： 5月，采用振落法或样枝法调查幼虫虫口密度，制定防治方案。

5～6月，在幼虫期使用1.2%苦参碱烟剂防治或1%阿维菌素、灭幼脲类等生物农药喷雾防治。

7～8月，利用黑光灯诱杀成虫。

9月，开展越冬前虫口密度调查。

图108-2 杉茸毒蛾幼虫
（绰尔林业局 李雅琴 摄）

图108-3 杉茸毒蛾幼虫
（绰尔林业局 李雅琴 摄）

109. 盗毒蛾*Porthesia similis* (Fueszly)

分布与危害： 盗毒蛾又叫黄尾毒蛾、桑毛虫等。国内分布在黑龙江、内蒙古、吉林、辽宁、河北、山东、山西、江苏、浙江、江西、福建、台湾、广西、湖南、四川、湖北、湖南、甘肃、青海等地；国外分布于朝鲜、日本、俄罗斯、欧洲。内蒙古大兴安岭林区均有分布。

寄主： 桦、杨、柳、落叶松、忍冬、桦楸、稠李等。

主要形态特征： 体白色，触角干白色，栉齿黄色，下唇须白色，下侧黑色，腹部末端毛簇黄色。前后翅均白色，前翅后缘有2个褐色斑，一般不清。卵块黄色，被黄色绒毛。幼虫黑褐色，头褐黑色有光泽，前胸两侧各有1红色毛瘤，上生黑色和白色毛束，背部其余各节毛瘤黑色。前胸背板黄色，上有两条黑色纵线，体背有宽橙色带，在第一、第二和第八腹节正中间有一红褐色间断线。亚背线白色，气门线红黄色，第七、第八腹节背面有一个橙黄色的翻缩腺。蛹黑褐色，上有黑色毒毛。

生物学特性： 一年发生1代，以2龄幼虫在树下的枯枝落叶层下越冬。5月中旬幼虫开始出蛰活动，6月下旬化蛹，7月上旬成虫出现，8月上旬第一代幼虫出现，取食后于9月上中旬进入树下越冬。

防治历： 4～5月，利用围环法调查越冬幼虫上树量，准确预测发生期的虫口密度。

5～6月，开展烟剂或喷洒生物农药防治。

7～8月，开展灯光诱杀成虫。

9月，开展越冬前期幼虫量调查。

图109-1 盗毒蛾 成虫
（管理局森防站 张军生 摄）

图109-2 盗毒蛾3龄幼虫（危害桦树）
（管理局森防站 张军生 摄）

图109-3 盗毒蛾4龄幼虫（危害稠李）
（管理局森防站 张军生 摄）

图109-4 盗毒蛾老熟幼虫（危害柳树）
（管理局森防站 张军生 摄）

110. 白毒蛾 *Arctornis l-nigrum* (Müller)

分布与危害： 国内分布于黑龙江、辽宁、吉林、浙江、四川、云南等省；国外分布于朝鲜、日本、俄罗斯、欧洲等地。内蒙古大兴安岭林区分布在阿里河、大杨树、毕拉河等林业局。

寄主： 柞、榛、桦、山楂、海棠、杏、杨、柳、榆等。

主要形态特征： 成虫体白色，足白色，前足和中足胫节内侧有黑斑，跗节第一节和末节黑色。前后翅白色，前翅横脉纹"〈"形黑色。幼虫黑色，两侧黄色或红黄色，腹背毛刷红褐色，腹部第一、第二、第六、第八节背毛丛白色。

生物学特性： 一年发生1代。8～9月以2～3龄幼虫卷叶越冬。5月中旬越冬幼虫出蛰活动，6月末7月初化蛹，7月中旬成虫出现。卵产在植物枝上或叶片上，卵期10天左右。7月下旬第1代幼虫出现。

防治历： 4～5月，制定防治方案。

5月，采用围塑料环法调查出蛰幼虫上树量即虫口密度。

6～7月，利用苦参碱烟剂或生物农药喷雾防治幼虫。按照药品包装上的使用说明具体操作。

7～8月，利用黑光灯诱杀成虫。

8～9月，调查越冬前虫口密度，为下一年防治计划的安排提供依据。

图110-1 白毒蛾成虫（雄）
（毕拉河林业局 汪大海 摄）

111. 山楂粉蝶*Aporia crataegi* Linnaeus

分布与危害： 山楂粉蝶又叫树粉蝶、绢粉蝶。分布于辽宁、吉林、河北、内蒙古、山西、陕西、甘肃等地。内蒙古大兴安岭林区全境均有分布。2014～2015年夏季在内蒙古大兴安岭金河林业局灌木越橘上大面积发生，其中中重发生面积达1万亩以上，虫口密度高达63条/株。以幼虫取食叶片、嫩芽和花，严重危害时叶子全部被吃光，造成树势衰弱并影响结实。

寄主： 山楂、越橘、海棠、杏、李、丁香、刺梅、榆叶梅、杂草等。

主要形态特征： 成虫体黑色，头胸及足被淡黄白色或灰色鳞毛。触角棒状黑色，端部黄白色，前后翅白色，翅脉和外缘黑色。幼虫头黑色，疏生白色长毛和较多的黑色短毛；胸、腹部腹面紫灰色，两侧灰白色，背面紫黑色，每节的黄斑串连成纵纹，体躯各节有许多小黑点，疏生白色长毛。老熟幼虫体背面有3条黑色纵条纹，其间有2条黄褐色纵带。蛹黄白色，分布许多黑色斑点，腹面有1条黑色纵带。以丝将蛹体缚于小枝上，即缢蛹。

生物学特性： 一年发生1代。以2～3龄幼虫群集在吐丝缀树梢叶的虫巢里越冬，一般每巢十余头。春季果树发芽后，越冬幼虫出巢，先食害芽、花，而后吐丝连缀叶片成网巢，于内危害。较大龄幼虫离巢危害。此时寄主受害最重。虫害发生严重年份，很多树木的叶子被吃光，状若枯死。待其老熟，在枝干、叶片及附近杂草、石块等处化蛹。在内蒙古大兴安岭林区于5月中下旬幼虫出蛰危害，持续危害到6月上旬，并开始化蛹。6月中下旬为化蛹高峰期。在毕拉河林业局，6月中旬是化蛹高峰期，在金河6月下旬是高峰期。蛹期约14天。成虫发生在6月底至7月上旬，成虫多喜欢在灌木丛中交尾，产卵于嫩叶正面，成块，每块有卵数十粒。卵期约12天。7月中旬幼虫开始孵化，初孵幼虫群集啃食叶片，仅残留表皮，每食尽一叶，群体另转叶危害。一般于8月上旬开始陆续营巢越冬。

图111-1 山楂粉蝶成虫（雄）
（毕拉河林业局 汪大海 摄）

图111-2 山楂粉蝶 成虫（交尾）
（金河林业局 王琪 摄）

防治历： 1～5月，人工摘除越冬幼虫虫巢。秋季树木落叶后，春季发芽前，结合冬季果园管理，摘除并销毁树枝枯叶上的越冬虫巢。

5～6月，可用25%灭幼脲Ⅲ号4000倍液、Bt乳剂800倍液、1.2%烟碱性乳剂1500倍液或1.0%的阿维菌素2000倍液等喷雾防治幼虫。在早春越冬幼虫出蛰期和当年幼虫孵化盛期喷药效果最佳。

6月～7月，可以组织人工采摘虫蛹。

9～12月，保护和利用其天敌寄生蜂进行防治。幼虫期寄生性优势天敌有菜粉蝶绒茧蜂，卵期寄生性天敌有凤蝶金小蜂、舞毒蛾黑瘤姬蜂。也可以利用捕食性天敌，主要有白头小食虫虻、胡蜂、蜘蛛、步甲等种类。对这些天敌要进行有效保护，可在一定程度上控制山楂粉蝶的危害。

图111-3 山楂粉蝶卵

图111-4 山楂粉蝶越冬幼虫的虫巢
（毕拉河林业局 涂铁岭 摄）

图111-5 山楂粉蝶越冬后幼虫（山丁子）
（阿里河林业局 李思 摄）

图111-6 山楂粉蝶老熟幼虫危害状（杂草）
（管理局森防站 张军生 摄）

图111-7 山楂粉蝶蛹
（金河林业局 王琪 摄）

图111-8 山楂粉蝶羽化前的蛹
（毕拉河林业局 涂铁岭 摄）

图111-9 山楂粉蝶人工接蛹
（毕拉河林业局 汪大海 摄）

112. 朱蛱蝶 *Nymphalis xanthomelas* Denis et Schiffermüler

分布与危害： 朱蛱蝶又名榆黄黑蛱蝶。国内分布在黑龙江、吉林、辽宁、河北、河南、陕西、甘肃、宁夏、青海、新疆、台湾等地；国外分布于朝鲜、日本、欧洲。内蒙古大兴安岭林区全境均有分布。1988年、2005年、2012～2013年分别在吉文、库都尔和金河林业局重度发生，发生面积300～1000亩，虫口密度最高时达到1200头/株。

寄主：柳、榆。

主要形态特征： 成虫体橘红色，中型，外缘锯齿状。前翅外缘中部内凹，后翅中部有一短凸角。前翅前缘距靶距翅基部的1/4，1/2，3/4处各有一大黑斑，其中1/4处为两圆形小斑，连或不连，3/4处黑斑外衬一白斑，中室域外下方有4个略呈圆形的黑斑；后翅前缘中域有一大黑斑。前后翅外缘部有宽黑带，端缘处有黄褐色和青蓝色条线。卵淡黄色，后变茶褐色。幼虫体及刺黑色，体上布满白色斑点，腹足红色。蛹土黄色被白粉。

生物学特性： 一年发生1代，以成虫越冬，春季最早4月中旬可见成虫飞翔活动，一般在5月上旬活动较多，将卵产于寄主植物的枝条上，特别喜欢在河边湿度大的柳树枝上产卵。成虫产卵量达150枚。5月下旬卵孵化，幼虫共5龄，活动时间约1个月，于6月末7月初化蛹，在树枝上大量地拥挤在一起，呈倒挂金钩式，蛹上有白粉。一般经过14天时间，7月中旬蛹大量羽化。成虫补充营养后于9月中下旬寻找合适的场所越冬。

防治历： 4～5月，通过捕虫网捕获成虫，开展成虫数量的监测，为发展动态提供预报依据。

图112-1 朱蛱蝶成虫
（金河林业局 王琪 摄）

图112-2 朱蛱蝶老熟幼虫
（金河林业局 王琪 摄）

6月，可以利用对河流、湿地等水源无污染的生物农药如白僵菌、烟碱等对幼虫进行防治。

7月，根据化蛹特点，组织人力开展摘蛹行动，减少害虫的虫口密度。

8～9月，对成蝶进行调查监测，预测下一年度发生趋势，做好防治预案。

图112-3　朱蛱蝶预蛹　　　　　　　　图112-4　朱蛱蝶蛹　　　　　　　图112-5　朱蛱蝶蛹及危害状
（金河林业局 王琪 摄）　　　　　　（金河林业局 王琪 摄）　　　　（金河林业局 王琪 摄）

113. 白矩朱蛱蝶 *Nymphalis vaualbum* (Schiffermüler)

分布与危害：白矩朱蛱蝶又叫桦蛱蝶。国内分部在辽宁、吉林、内蒙古、黑龙江；国外分布在朝鲜、日本、亚洲北部、欧洲东部。曾在内蒙古赤峰市的克什克腾旗大发生过。

寄主：桦树、榆树、荨麻等。

主要形态特征：成虫体中型，橘红至橘黄色。前翅特征几与朱蛱蝶相似，但后翅前缘中部大形黑斑外侧有明显的白斑，后翅亚缘黑带窄，上无青蓝色的鳞片，反面后中室"L"形白纹明显。卵有纵脊。幼虫体和背上的枝刺均黑色，背中有黄白色纵宽带，中线褐色；体侧刺红色，趾钩三序缺环。蛹土灰色，体背有2角突，背有2银色亮斑。

生物学特性：一年发生1代，以成虫在灌木丛、杂草丛、墙角等各种场所越冬，有补充营养和群集活动的习性。5月上旬产卵于寄主植物上，平均产卵量130粒。卵经过12天左右孵化，5月下旬至6月上旬孵化完成。幼虫取食桦树叶，幼虫期约36天，共5龄。老熟幼虫在树枝上中部化蛹，体倒悬。蛹期15天左右，7月中下旬羽化为蝶。

防治历：4～5月，通过捕虫网捕获成虫，开展成虫数量的监测，为发展动态提供预报依据。

6月，可以利用生物农药如白僵菌、烟碱等对幼虫进行防治。

7月，根据化蛹特点，组织人力开展摘蛹行动，减少害虫的虫口密度。

8～9月，对成蝶进行调查监测，预测下一年度发生趋势，做好防治预案。

图113-1 白矩朱蛱蝶成虫
（阿里河林业局 黄莹摄）

图113-2 白矩朱蛱蝶2龄幼虫及危害状
（毕拉河林业局 郭丽莉摄）

113-3 白矩朱蛱蝶老熟幼虫
（管理局森防站 张军生摄）

图113-4 白矩朱蛱蝶蛹
（毕拉河林业局 胡爱丽摄）

114. 伊藤厚丝叶蜂*Pachynematus itoi* Okutani

分布与危害：分布于黑龙江、吉林、辽宁等省。幼虫群居取食簇生叶，2龄开始把针叶大部分食掉，只残留叶脉，3龄后将针叶全部食掉。受害较重的林分，针叶全部被食光，落叶松树一片枯黄，似火烧状，严重影响落叶松的生长。

寄主：西伯利亚落叶松、日本落叶松、长白落叶松和兴安落叶松。

主要形态特征：雌成虫胸部、腹面深褐色；前足和中足的基节和腿节以及后足均为黑色，基节侧缘、后足腿节端部为黄褐色；翅呈黄褐色。雄成虫胸部、腹部背面褐色，腹部腹面黄褐色，足黄褐色，后足跗节褐色，翅深褐色。老熟幼虫头黑色，胸足褐色，从胸部第一节开始，身体背面两侧各具1个黑色大斑纹；胸部各节侧板各具1个毛疣，腹部第一至第七节背板背面也各具2个黑褐色毛疣。

生物学特征：一年发生3代，以老熟幼虫在枯枝落叶层中结茧越冬。翌年5月上旬开始化蛹，5月中旬开始羽化、产卵。5月底第一代幼虫开始孵化，6月下旬化蛹，7月上旬第一代成虫羽化、产卵；7月中旬第二代幼虫开始孵化，8月上旬化蛹，8月中旬第二代成虫羽化、产卵；8月下旬第三代幼虫开始孵化，9月中旬陆续进入枯枝落叶层结茧越冬。成虫白天羽化。羽化历时15～20天。雌虫羽化后常伏在下木、杂草的叶面上，雄虫羽化后比较活跃。雌虫交尾后飞向树冠，卵多产在树冠南侧中上部枝梢的顶端，以第一、第二簇叶为多。卵产在叶背面。产卵时雌虫先用产卵器将针叶刺裂缝，然后将卵产于其中。卵一半在槽中，一半外露。一头雌虫只在1簇叶上产卵，卵期8～10天。幼虫群居性强，孵化后往叶簇下方转移取食，幼虫3龄以后食叶量增加，达到暴食期。第一代幼虫期1个月，第二、三代15～20天。9月中旬老熟幼虫逐渐从树枝上坠落于枯枝落叶层中，在枯枝落叶层与土壤交界处结茧越冬。

防治历：9月至翌年5月，在重度发生区林地人工挖除活虫茧，压低虫口密度。将虫茧集中放于养虫笼内，待寄生性天敌羽化。

5～6月，在卵期或者幼虫集中取食期，人工剪除聚集卵和幼虫的枝条，并集中销毁带虫枝条。在温湿度适宜的条件下，使用100亿活孢/mL的白僵菌粉剂喷洒，用量为22.5 kg/hm^2。或在22 ℃以上，空气湿度在60%以上，有露水的清晨或雨后喷施1.9%的阿维菌素喷烟，也可用20%杀铃脲1000倍液、25%灭幼脲Ⅲ号700 g/hm^{2}等喷雾。使用苏云金杆菌乳剂原液2.5 kg/hm^{2}对树冠喷雾，防治低龄幼虫效果较好。

图114-1 伊藤厚丝叶蜂成虫（背面）
（管理局森防站 张军生 摄）

图114-2 伊藤厚丝叶蜂成虫（侧面）
（管理局森防站 张军生 摄）

图114-3 伊藤厚丝叶蜂成虫（雄）
（管理局森防站 张军生 摄）

115. 落叶松叶蜂*Pristiphora erichsonii* (Hartig)

分布与危害：落叶松叶蜂又名落叶松红腹叶蜂。分布于黑龙江、吉林、辽宁、内蒙古、河北、北京、山西、陕西、宁夏、甘肃等地。幼虫取食针叶，大发生时可将成片落叶松林针叶食光，造成林木枝梢弯曲，枝条枯死，树冠变形，树木生长势衰弱，难以郁闭成林，是落叶松人工林的重要食叶害虫之一。

寄主：华北落叶松、兴安落叶松、长白落叶松、海林落叶松、日本落叶松。

主要形态特征：雌成虫体黑色，有光泽。头黑色，头部刻点细匀，触角茶褐色。前胸背板两侧黄褐色；中胸、后胸黑色。翅淡黄色，透明，翅痣黑色。腹部第二至第五背板、第六背板前缘均为橘红色，第一、第六背板大部分及第七至第九背板黑色，第二至第七腹板中央橘红色。雄虫黑色，触角黄褐色，腹部第二背板两侧、第三至第五及第六节背板中央均为橘红色。老熟幼虫黑褐色，胸部和腹部背面墨绿色，腹面灰白色，胸足黑褐色。

生物学特征：在内蒙古大兴安岭林区一年发生1代，以老熟幼虫结茧于树冠下及其周围枯枝落叶层或土壤中越冬。翌年4月下旬开始化蛹，5月中旬为化蛹盛期，蛹期7～10天，5月下旬为羽化高峰期。成虫喜在阳光下活动，羽化后即可产卵。6月中下旬为幼虫危害盛期，幼虫主要危害10～30年生落叶松。1～4龄幼虫群集危害，先取食产卵枝附近的针叶，然后逐步向枝条基部扩散，5龄幼虫分散危害。6月下旬老熟幼虫开始下树结茧，7月上旬为结茧盛期，7月下旬为结茧末期，进入预蛹期。

防治历：1～4月，利用老熟幼虫下树结茧的习性，可采取人工挖茧及清理越冬场所等措施，减少越冬虫口基数。

5～7月，防治幼虫，用每毫升含孢量100亿的白僵菌粉剂喷洒，用药量为22.5 kg/hm²；或用25%灭幼脲Ⅰ号200 g/hm²、25%灭幼脲Ⅲ号700 kg/hm² 1500～2000倍液喷雾，若飞机喷雾稀释100倍。保护利用天敌，如黑瘤姬蜂、恩姬蜂、日本弓背蚁、单环真猎蝽等。

7～9月，破坏落叶松叶蜂的越冬场所，减少虫源数量。

图115-1 落叶松叶蜂成虫

图115-2 落叶松叶蜂成虫（侧面）

图115-3 落叶松叶蜂幼虫

图115-4 落叶松叶蜂群集幼虫

116. 落叶松腮扁叶蜂*Cephalcia larciphila* (Wachtl.)

分布与危害： 落叶松腮扁叶蜂又名高山扁叶蜂。分布于黑龙江、山西、河北省。内蒙古大兴安岭林区均有分布。以幼虫取食叶片危害，初孵幼虫在针簇做巢，群聚取食针叶，且主要食叶肉，将叶食成缺刻状，影响树木正常生长，严重发生时常将针叶食光。1998～1999年在牙克石地区落叶松人工林内大面积暴发面灾，发生面积达1万公顷，虫口密度高达3000头/株。

寄主： 兴安落叶松、华北落叶松、日本落叶松、长白落叶松。

主要形态特征： 成虫翅半透明，略呈淡黑色，顶角及外线稍带烟褐色。翅痣及翅脉黑褐色，翅痣下有一淡烟褐色横带，横带直达翅后缘。老熟幼虫灰褐色。头盖板、触角和气门周围呈暗褐色。尾须及胸足最初呈黑褐色，而后逐渐变为草绿色或绿色。

生物学特征： 在内蒙古大兴安岭林区一年发生1代，以预蛹于土内越冬，少数预蛹有滞育现象，可在一年以后羽化。或以3～5龄幼虫越冬。在内蒙古大兴安岭林区越冬预蛹于翌年6月上中旬化蛹，蛹期约10天，6月上中旬为羽化期。

图116-1 落叶松腮扁叶蜂成虫（背面）

6月上中旬开始产卵，6月中旬为盛期，7月上旬为末期。6月下旬卵开始孵化，7月上旬为末期。7月中旬为危害盛期。老熟幼虫于7月中下旬开始下树做土室变为预蛹越冬。土室入土深达2～7 cm，一般分布于树干投影内，以靠近树干基部为多。雄成虫较雌成虫早2～3天出土。交尾地多发生在地面、草丛、灌木或枯枝上，也有在幼树或大树下部枝条上交尾的。交尾后雌虫多沿树干爬上树，在叶簇外轮针叶端部背面产卵。每枚针叶上产卵1粒，极少产卵2粒。每只雌虫一生产卵40～50粒。成虫咬食嫩叶补充营养。成虫寿命平均8天。幼虫

图116-2 落叶松腮扁叶蜂幼虫

孵出后立即爬往叶簇做巢，隔1天开始取食，起初食量很小，3～4龄幼虫食量猛增，白天栖息于巢内，夜晚爬出取食。幼虫期约20天。

防治历：1～4月，加强营林抚育，加速林分郁闭。营造混交林，增强森林的自控能力。在重灾区秋末冬初可进行垦山翻土，以消灭越冬预蛹。将挖到的虫蛹集中放于昆虫笼内，让寄生性天敌羽化。

5～7月，早害小面积发生时可人工摘除卵块和幼虫巢，集中处理。在低龄幼虫期可喷洒25%灭幼脲Ⅰ号200 g/hm²或25%灭幼脲Ⅲ号700 g/hm² 1 500～2 000倍液进行防治。本方法适用于树木较低、取水方便的林地。在温湿度适宜的条件下，也可用100亿活孢/mL的白僵菌粉剂喷雾，用量为22.5 kg/hm²，最好在有露水的清晨或雨后喷施，喷洒树冠。

7月上旬，利用烟参碱烟剂防治幼虫。

7～10月，人工翻林地破坏蛹茧的越冬环境，可有效防治下一年的羽化数量

图116-3 落叶松腮扁叶蜂危害状

117. 云杉阿扁叶蜂 *Acantholyda piceacola* Xiao et Zhou

分布与危害： 分布于甘肃（山丹）、青海、内蒙古。内蒙古大兴安岭林区分布于库都尔林业局。1983年首次在甘肃张掖地区山丹县大黄山林场发现，危害青海云杉。以幼虫取食针叶危害，幼虫孵出后即在孵化处小枝上取食针叶基部叶肉，并将少数针叶基部咬断，边食边将粪便排于身后。2龄以后转移到针叶上，吐丝连缀针叶成网，慢慢形成虫巢，一般2～3个虫巢连在一起。大发生时虫口密度较高，可以将大片松林的针叶吃光，中龄林树冠中下部、幼龄林树冠中上部受害严重，严重影响树木生长。

寄主： 青海云杉、华北落叶松、红皮云杉。

主要形态特征： 雌成虫触角第一节为黄色，第二节为深黄色，从第三节开始逐渐变黑；头部呈黑色；翅基片为深黄色，翅痣黑色，翅脉黑褐色；足红黄色。头部横缝以下、触角侧区以上两眼间部分以及额上部刻点稠密，呈皱纹状。老熟幼虫呈灰绿色，头褐黑色具光泽，额墨绿色，上唇黄绿色，唇基及下颚须绿色，触角褐黄色，前胸盾黑色。2龄至老熟前有绿色背线1条及褐色腹线3条。

生物学特征： 两年发生1代。以老熟幼虫入土越冬。第三年5月上旬开始化蛹，中旬为盛期。6月中旬成虫开始羽化，下旬为盛期，6月底为末期。成虫羽化后在地面交尾，喜在通风透光的林缘活动，夜间栖息于针叶上。6月中旬开始产卵，下旬为盛期。卵多产于2年生针叶上端边缘。7月上旬幼虫孵出，中旬为盛期，下旬为末期。幼虫吐丝连缀针叶成网，并将食剩的残叶及粪粒黏结成虫巢，取食巢附近针叶，吃尽针叶后将虫巢扩大至他枝再营新巢，巢间有丝道相通，一般2～3个虫巢串连一起。8月上旬老熟幼虫开始坠落地面入土，中旬为盛期，9月上旬为末期。入土后做一土室，静伏其中。土室椭圆形，内壁光滑。入土深度因枯枝落叶层及土壤坚实度而异，一般为2～14 cm。

防治历： 1～4月，保护和利用乌鸦、斑尾榛鸡等天敌，提高森林自控能力。进行封山育林，注重保护和招引啄木鸟等天敌。人工挖掘林地中虫蛹、幼虫、预蛹，集中销毁。一般宜在冬春季农闲期进行。

5～8月，在轻度发生区可用8000 IU/mg苏云金杆菌可湿性粉剂1000～1500 g/hm²喷雾，或8000 IU/mL苏云金杆菌油悬浮剂4500～6000 mL/hm²超低量喷雾，或功夫菊酯乳油300倍液喷雾。在有露水的清晨或雨后喷施苏云金杆菌粉剂效果较好。在疏林、孤立木、种子园等幼虫密度较低的林地，剪除幼虫集中的枝条，集中销毁。此方法无污染，不伤天敌，操作简便，效果直接。也可用25%灭幼脲Ⅲ号胶悬剂150倍液低容量喷雾。大面积发生区宜在卵孵化盛期以飞机低容量喷洒25%灭幼脲Ⅲ号与2.5%功夫菊酯乳油混剂防治。在2龄幼虫期，使用灭幼脲Ⅲ号600 g/hm²或功夫菊酯乳油105 g/hm²防治。

8～12月，在温湿度适宜的条件下，针对老熟幼虫和预蛹可用100亿/mL的白僵菌粉剂喷洒，用量为每公顷22.5 kg。宜在8月上旬幼虫刚下树，气温较高、湿度较大的时候喷洒。

图117-1 云杉阿扁叶蜂成虫（雌）

图117-2 云杉阿扁叶蜂成虫（雄）

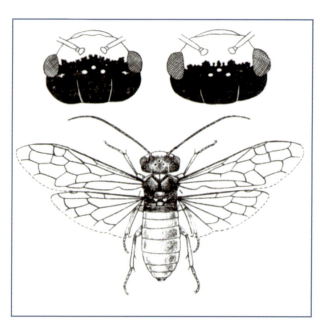

图117-3 云杉阿扁叶蜂成虫及头部特征

118. 榆三节叶蜂*Arge captiva* Smith

分布与危害：国内分布在北京、东北地区、天津、河北、山东、河南等地；国外分布于日本。内蒙古大兴安岭林区分布在莫尔道嘎、阿里河等林业局。

主要形态特征：成虫雌体长8.5～11.5 mm，翅展16.5～24.5 mm。雄体较小，具金属光泽，头部蓝黑色，唇基上区(触角窝、唇基及额基间部)具明显的中脊，触角黑色，圆筒形，其长大约等于头部和胸部之和。胸部橘红色，小盾片有时蓝黑色。翅浓烟褐色，足全部蓝黑色。卵椭圆形，长1.5～2 mm，初产时淡绿色，近孵化时黑色。幼虫老熟时体长21～26 mm，淡黄绿色，头部黑褐色。虫体各节具有横列的褐色肉瘤3排，体两侧近基部各具褐色大肉瘤1个，臀板黑色。蛹，雌体长8.5～12 mm，淡黄绿色，雄蛹较雌蛹体小。

生物学特征：内蒙古大兴安岭林区一年发生1代，以老熟幼虫在土中结丝质茧越冬。翌年5月中旬开始化蛹，6月上旬开始羽化、产卵，6月下旬幼虫孵化，为害至7月上旬陆续老熟，下树后入土结茧越冬。榆树绿篱受害最重，几天内叶片常被食光。

防治历：4～5月，对生长不良的榆树篱进行平茬处理，保留的茬高为20～30 cm。这样可以起到抑制虫害的目的。

5～6月，对土壤内越冬的幼虫、预蛹、蛹进行翻垦处理，降低越冬基数。

7月上旬～7月中旬，可用8000 IU/mg苏云金杆菌可湿性粉剂1000～1500 g/hm²喷雾，或8000 IU/mL苏云金杆菌油悬浮剂4500～6000 mL/hm²超低量喷雾，或1.2%的苦参碱1500倍、1%阿维菌素2000倍喷雾防治幼虫，也可以施放1.2%烟参碱烟剂防治。

8～9月，对小面积发生的林分，可人工挖掘林地中幼虫、虫蛹、预蛹，集中销毁。

6～9月，应注意保护寄生天敌，在寄生率较高的情况下，禁止使用杀虫剂。

图118-1 榆三节叶蜂成虫（雌）

图118-2 榆三节叶蜂成虫（雄）
（管理局森防站 张军生 摄）

119. 杨锤角叶蜂*Cimbex taukushi* Marlatt

分布与危害： 国内分布于黑龙江、陕西、吉林、内蒙古等地；国外分布于俄罗斯、日本、朝鲜。内蒙古大兴安岭林区分布于库都尔、金河、阿龙山、阿里河等林业局。

寄主： 杨树、柳树。

主要形态特征： 体红褐色或黄褐色。触角从基节开始颜色由深褐色变为黄白色，端部3节愈合成锤状。雌成虫头部呈黑色；中胸前盾片和中胸盾片具大黑斑，中胸腹板黑褐色。头胸具稠密的黄绒毛。腹部背板1龄时具褐黑色带，后缘黄色；2龄时褐黑色有时具黄色后缘；3龄以后每节间具黑褐色缝。翅浅黄色，透明，端缘区稍烟灰色。翅脉SC脉暗褐色，其余为黄褐色，翅痣黑褐色。眼后头加宽。唇基上有一横缝与颊分开。单眼区长略大于宽，横缝和侧缝明显，小盾片凸起，有明显翘边。雄虫体长22～30 mm，前胸背板前缘、中胸前盾片和中胸盾片大斑、后胸小盾片、腹部背板1和2、中胸腹板、中足及后足基节两侧、腿节两侧长斑黑色。翅透明，具蓝色反光，翅脉红褐色，翅端缘稍具褐色。身体被小刻点和黑白相间绒毛。卵翠绿色，肾形。幼虫粉淡绿色，腹部背面有一条蓝黑色粗背线，两侧各有气门9个，体多横皱。蛹淡黄绿色，复眼淡紫红色，体长28～31 mm。茧暗褐色，椭圆形，中央略收缩。

生物学特征： 在内蒙古大兴安岭林区一年发生1代，以5龄老熟幼虫做茧在枯枝落叶层下或土壤表层中以预蛹方式越冬。第二年5月上旬开始化蛹，中旬为化蛹盛期，蛹期约为12天。5月下旬成虫开始羽化，中旬为盛期，6月下旬为末期。成虫羽化后交尾产卵。卵产于叶肉内，散产或集中在主脉两侧各一排，每片叶子产卵5枚左右。有孤雌生殖习性。喜在通风透光的林缘活动，夜间栖息于树叶上。成虫寿命短，仅为4～8天。卵于6月中旬孵化，幼虫静止时蜷曲于叶面，主要在下午取食。8月上旬老熟幼虫开始下树选择场所越冬。幼虫有滞育习性，入土后以叶丝做茧蛹室，静伏其中。

防治历： 1～12月，保护和利用乌鸦、食虫鸟、花尾榛鸡等天敌，提高森林自控能力。进行封山育林，注重保护和招引啄木鸟等天敌。

图119-1 杨锤角叶蜂幼虫
（管理局森防站 张军生 摄）

6～8月，人工振落幼虫进行防治。在发生区可用8000 IU/mg苏云金杆菌可湿性粉剂1000～1500 g/hm²喷雾，或8000 IU/mL苏云金杆菌油悬浮剂4500～6000 mL/hm²超低量喷雾，或功夫菊酯乳油300倍液喷雾防治幼虫。

8～9月，小面积发生时，可人工挖掘林地中的幼虫、虫蛹、预蛹，集中销毁。一般宜在冬春季农闲期进行。

5～9月，注意保护寄生天敌，在寄生率较高的情况下，禁止使用杀虫剂。

图119-2 杨锤角叶蜂幼虫
（管理局森防站 张军生 摄）

120. 风桦锤角叶蜂 *Cimbex femorata* Linnaeus

分布与危害：国内分布于黑龙江、吉林、内蒙古；国外分布于俄罗斯、日本、朝鲜、西欧。内蒙古大兴安岭林区分布于满归、阿龙山、金河、根河、库都尔、乌尔旗汉、阿里河、毕拉河等林业局。

寄主：桦树。

主要形态特征：雌成虫体长18～24 mm，体黄褐色或黑褐色。头部呈黑色，触角从基节开始颜色由黑色渐变为黄色，端部3节愈合成锤状。头和胸具密小刻点和黑白相间的绒毛；中胸前盾片和中胸盾片具大黑斑，中胸腹板、腹部背板1前、后缘黑色，腹部背板2以下各节后缘具窄黑边。翅透明稍带黄色，前后翅端缘区具黑褐色宽边，翅脉SC脉中段黑褐色，翅痣黑褐色。眼后头明显加宽。唇基凸起，前缘凹圆，上方凹陷与颊分开。单眼后区近方形，前方稍窄，小盾片中央凹陷。爪的前端内侧具明显小齿。雄虫体长约26 mm，体黑色，腹部背板3～6节、足胫节端部和跗节红褐色，具黑绒毛和细刻点。其他特征同雌虫。卵浅绿色，肾形。幼虫初孵化时草绿色，老熟后头部浅黄色，体淡黄绿色，体长约40 mm，腹部背面有一条蓝黑色粗背线，此线两端逐渐消失，体多横皱，气门蓝色。蛹淡黄绿色，复眼淡紫红色。体长约18 mm。茧暗褐色，椭圆形，中央略收缩。

生物学特征：在内蒙古大兴安岭林区一年发生1代，以5龄老熟幼虫做茧在枯枝落叶层下或土壤表层中结茧以预蛹方式越冬。第二年4月下旬开始化蛹，中旬为化蛹盛期。蛹期为9～13天。5月上旬成虫开始羽化，初期羽化的大多数为雄蜂，不久即可展翅活动，飞翔时排出乳白色较黏稠的液体，在树尖端或向阳背风处追逐。雌虫与雄虫羽化相差3～4天。雌虫羽化后1～2天即可与雄虫交尾产卵。产卵时用锯形产卵器划破叶背表皮将卵产于叶肉内，一个伤口一枚卵，一片树叶上产1～5枚卵不等。每头雌成虫产卵量为50粒左右。雌虫寿命5～6天，雄虫7～8天。卵期平均为6天，孵化后幼虫取食时间为上午10时或下午4时，取食时将叶片咬成月芽形。幼虫受惊后有假死性。幼虫静止时蜷曲于叶面上。7月上旬5龄老熟幼虫开始下树选择场所越冬。幼虫有滞育习性。

防治历：1～12月，保护和利用乌鸦、食虫鸟、花尾榛鸡等天敌，提高森林自控能力。进行封山育林，注重保护和招引啄木

图120-1 风桦锤角叶蜂成虫（雌）
（莫尔道嘎林业局 刘雪迎 摄）

鸟等天敌。同时可悬挂人工巢箱招引食虫鸟控制害虫。

6～8月，人工振落幼虫进行防治。在发生区可用8000 IU/mg苏云金杆菌可湿性粉剂1000～1500 g/hm²喷雾，或8000 IU/mL苏云金杆菌油悬浮剂4500～6000 mL/hm²超低量喷雾，或1.2%的苦参碱1500倍、1%阿维菌素2000倍喷雾防治幼虫，也可以施放1.2%烟参碱烟剂防治。

8～9月，小面积发生时，可人工挖掘林地中的幼虫、虫蛹、预蛹，集中销毁。一般宜在冬春季农闲期进行。

5～9月，注意保护寄生天敌，在寄生率较高的情况下，禁止使用杀虫剂。

图120-2 风桦锤角叶蜂成虫（雄）

121. 泰加大树蜂 *Urocerus gigas taiganus* Beson

分布与危害：泰加大树蜂属于膜翅目广腰亚目树蜂总科树蜂科。国内分布于东北、四川、甘肃、青海、新疆、内蒙古等地；国外分布于俄罗斯、波兰、芬兰、挪威、日本等地。内蒙古大兴安岭林区辖区全境均有分布。2016年普查时虫口密度仅为0.51头/株，有虫株率小于20%，与2003~2005年普查相比发生情况呈显著下降趋势。该虫的传播途径主要为成虫的自然迁飞和人为调运木材时携带卵、幼虫或蛹的远距离传播。

寄主：云杉、落叶松、冷杉等。主要危害的是濒死木、枯立木、新伐倒木的木质部及伐根部，可降低木材的利用价值。

主要形态特征：成虫体长19~37 mm，体圆桶形，黑色有光泽，触角丝状，深黄色，头部眼后黄斑为黑色单眼后区所分开，复眼后方、胫节、跗节黄褐色，腿节、基节为黑色，翅膜质，烟褐色，腹部第一节背板后缘，第二、第七、第八节背板和腹部末端的角状突起向基部收缩，深黄色。雌虫有产卵鞘伸出体外，呈锥状。雄虫较雌虫体小，第一、第二、第七、第九节背板为黑色，第三至第六节背板为红褐色。卵淡黄白色。老熟幼虫体长20~32 mm，乳白色，头部淡黄色，总体看呈"Z"字形，触角短，仅为3节，具三对退化的胸足，无腹足，腹末角突起褐色，中部两侧及中央上方有小齿。蛹体长约30 mm，乳白色，头部淡黄色，复眼和口器褐色，触角、足和翅芽紧贴于身体腹面，触角长达第六腹节后缘，翅盖于后足腿节上方。

生物学特性：在内蒙古大兴安岭林区一年发生1代，以幼虫在蛀道内越冬。第二年5月上中旬化蛹，蛹期长为20天左右，成虫于6月上旬可见，盛期在7月至8月间，以6月下旬至7月上旬为最多。

图121-1 泰加大树蜂成虫（雌）
（得耳布尔林业局 韩永民 摄）

该虫喜欢在白天午时飞舞，常可见到成虫在倒木周围飞翔。雌虫大约在6月下旬开始产卵，常以树干基部的树干上为最多。每次产卵一枚，累计产卵量在50粒左右。幼虫孵化后斜向上钻入木质部进行危害，当取食到心材处时又向外钻蛀，蛀道长约20 cm，蛀道内充满木屑。化蛹时在蛀道尽头处筑蛹室，于其内化蛹。蛹室距离树表皮约为10 mm，成虫羽化时可以咬破而出。羽化孔多为圆形，直径为5~7 mm。羽化孔为调查该虫的重要特征之一。

防治历：对疫区的被害木应及时加工处理或浸泡于水中处理1个月左右；对

新伐倒木必须及时剥皮处理；在幼虫孵化盛期及时剥皮处理；设置饵木诱集成虫产卵，并处理该饵木；对疫木应以熏蒸法进行处理。对泰加大树蜂危害木可采用打孔注射的方法进行处理，所用药剂为大力士。在贮木场于成虫羽化盛期喷洒预测色威雷进行触杀。

图121-2 泰加大树蜂成虫（雄）
（根河林业局 姜萍 摄）

122. 松树蜂 *Sirex noctilio* Fabricius

分布与危害：松树蜂属于树蜂科树蜂亚科。国内分布在黑龙江等地；国外分布在欧亚大陆和北非，土耳其北部、西伯利亚和蒙古北部，北美洲东部，南美洲的阿根廷、巴西、智利和乌拉圭，非洲的南非。松树蜂是松树的一种毁灭性蛀干害虫，为国际性检疫对象，是国际上危害十分严重的林业入侵生物，其危害具有侵袭健康木和衰弱树木、传播快、成灾快、致死率高的特点。松树蜂于1900年在新西兰首次发现，此后扩散到新西兰全国的辐射松种植区，33%的树木被害，面积大约为120 000 hm²，造成巨大的经济和生态损失。1952年，在澳大利亚的塔斯马尼亚岛发现，1987～1989年大爆发，造成超过500万株树木的死亡。在南美洲的乌拉圭（1980）、阿根廷（1985）、巴西（1988）、智利（2000）先后被发现，在阿根廷的入侵区域，松树蜂造成的树木死亡率达60%，在乌拉圭甚至达80%，在巴西有350 000 hm²的松树种植区被侵害。在北美洲，松树蜂最早在美国发现是2002年，后传入加拿大。在非洲的南非（1994）也发现其严重入侵。内蒙古大兴安岭林区曾于2013年松树蜂专项普查时于东部林区的甘河和克一河发现，后在2014～2016年普查中，克一河林业局对辖区内所有樟子松进行了认真普查，没有再发现被害状，也没有捕获到该虫各虫态标本，认为该虫自然消亡；甘河林业局于2014年在局址附近的克下林场公路边上的40多年生的樟子松人工林内发现泪痕状被害状，采集到1只松树蜂的成虫标本。经过对虫害木进行人工饲养观察，饲养出一种皱背长尾姬蜂。

寄主：主要危害油松、落叶松、樟子松、云杉、冷杉等。危害林龄40年以上的树木，危害部位为主干。

主要形态特征：成虫体长10～44 mm，圆柱形。触角黑色。雌虫头部、胸腹部具蓝色金属光泽，胸足橘黄色。腹末段角突矛状。雄虫头胸部具蓝色金属光泽，腹部基部和腹末黑色，中部橘黄色，后足粗大，黑色。卵长椭圆形，黄白色。幼虫圆筒形，微曲，体乳黄色，头橙黄色，尾突黑褐色。蛹乳白色，离蛹。

图122-1 松树蜂成虫（雌）
（甘河林业局 尹传玉 摄）

图122-2 松树蜂成虫（雌）
（克一河林业局 薛广军 摄）

生物学特性：该虫于7～8月间羽化，羽化后有补充营养之习性。成虫交尾后，在树干4米以下刻槽产卵，每一刻槽产卵1枚，每雌产卵量约为50粒。经10天左右幼虫孵化，并蛀入木质部越冬。第二年4～7月间，在树干上有泪痕状树汁液。幼虫再经过一个冬天后，于第三年的7月上中旬化蛹，蛹期20天左右，羽化为成虫。

防治历：4～6月，对成年樟子松林全面进行踏查，调查是否有泪痕状树汁液，是否有圆形羽化孔。注意与其他蛀干害虫的区别。对发生区松树采用打孔注射防治药剂的方法进行防治，用药为吡虫啉、噻虫啉、大力士等，原药用量为3～5 mL/株，在树干基部打2～3个孔，孔在树干上对称或呈三角形，注射后应用泥土封注射孔。

7～8月，在成虫羽化盛期，开展苦参碱烟剂熏杀防治，烟剂用量为15 kg/hm^2。

8～10月，再次全面踏查樟子松林，查看是否有松树蜂危害状或其他虫体，如果有羽化孔的松树，应及时伐倒解剖，进一步验证是否有松树蜂的幼虫、成虫等。

图122-3 松树蜂成虫（雌腹面）
（克一河林业局 薛广军 摄）

图122-4 松树蜂成虫（雌侧面）
（克一河林业局 薛广军 摄）

图122-5 松树蜂成虫（雄）
（引自络有庆 图）

图122-6 松树蜂成虫（雌侧面）
（引自络有庆 图）

图122-7 松树蜂幼虫
（引自络有庆 图）

图122-8 松树蜂蛹
（引自络有庆 图）

图122-9 松树蜂蛀道
（克一河林业局 薛广军 摄）

图122-10 松树蜂羽化孔
（甘河林业局 尹传玉 摄）

图122-11 松树蜂危害后流脂状
（管理局森防站 张军生 摄）

图122-12 松树蜂危害枯死状
（克一河林业局 薛广军 摄）

123. 落叶松种子小蜂*Eurytona laricis* Yano

分布与危害：国内分布在黑龙江、吉林、辽宁、山西、内蒙古；国外分布在俄罗斯、蒙古、日本。内蒙古大兴安岭林区均有分布。

寄主：落叶松属。

主要形态特征：成虫2～3 mm，体黑色，无金属光泽，复眼赭褐色。口部、足的腿节末端、胫节和跗节黄色。头部、胸部末端以及足和触角上密生白色细毛。头球形，呈矮三角形排列。触角着生于颜面中部，11节。胸部长大阔，小盾片膨起，卵圆形。前翅长过腹部，缘脉长约为翅痣长的2倍，后缘脉略长于痣脉，痣脉末端膨大，呈鸟首状。翅面均匀地布有细毛。后翅缘脉末端具翅钩3个。卵乳白色，有卵柄。幼虫白色，蛆形，弯曲，无足，头小，上颚发达，前端红褐色。蛹乳白色，复眼红色。

生物学特性：一般一年发生1代，有滞育习性，以老熟幼虫在种子内越冬。5月上旬幼虫开始化蛹，6月上旬羽化为成虫，6月中旬在幼嫩的球果上产卵；7月上旬幼虫孵化，钻入种子内取食种仁。一生危害1枚种子，成虫寿命长达20天。

防治历：6月，在成虫羽化始盛期和高峰期，可在种子园进行苦参碱烟剂防治，用量为5 kg/hm^2。

7月上旬，在幼虫期可再次利用苦参碱烟剂防治，每公顷用量为15 kg。

8～9月，采集落叶松球果进行人工饲养，解剖部分球果观察有虫球果数及被害种子数，预测下一年发生趋势，制定防治预案。

| 1 | 2 | 3 | 4 | 5 |

图123-1 落叶松种子蜂（1.成虫；2.幼虫；3.蛹；4.危害状；5.触角）
（引自《森保手册》）

124. 栎叶瘿蜂 *Fiplolepis agama* Hart.

分布与危害： 国内分布于黑龙江、吉林、辽宁、浙江、贵州、山东、河南等省；国外分布于俄罗斯、蒙古。内蒙古大兴安岭林区分布于毕拉河、大杨树、阿里河、吉文、绰尔等林业局。栎叶瘿蜂由于能吸收汁液，并刺激叶片产生虫瘿，不仅影响到树木的光合作用，还极度消耗树体营养，削弱树势，造成叶片脱落死亡。栎树上的瘿蜂种类较多。本书以其中一种为介绍对象。

寄主： 蒙古栎、麻栎、栓皮栎。

主要形态特征： 成虫4～5 mm，体深褐色，体多细毛。头部呈三角形，后缘有白色绒毛。复眼大，半球形或长椭圆形，褐色，单眼靠近后头，棕褐色。触角丝状，14节，柄节栗色，其余褐色，第一鞭节最长。胸部黑色，有刻点，略有光泽。前胸狭而短，中胸大而隆起，背片有3条纵沟，小盾片舌状。翅透明，无黑色斑纹，翅脉暗褐色，翅面附有整齐的锥状突。足褐色至暗褐色，被白色细毛。跗节和爪黑色，基节栗黑色。后腹两侧略扁，后腹背凸出呈脊状。产卵管深褐色，先端略下弯。卵白色，约0.2 mm，圆纺锤形，基端略尖，有一短柄。幼虫明型，白色或淡黄色，有光泽，肥胖多皱，头尖尾钝。老熟幼虫长约5 mm。蛹为裸蛹，初白后褐，复眼及单眼黑色，羽化前蛹体变为黑褐色，体长4.2～4.5 mm。

生物学特性： 一般一年发生1代，9月中下旬成虫把卵产于蒙古栎的休眠芽内越冬。翌年5月上旬栎树芽开始萌动时，幼虫随即孵化取食。幼虫取食刺激寄主叶片组织增生而逐渐形成虫瘿，严重影响和消弱了栎树的生长势。幼虫在7月下旬到8月上旬老熟化蛹，8月下旬至9月下旬羽化并从虫瘿内飞出，寻觅交尾瘿蜂，若找不到交尾瘿蜂时则孤雌生殖。每次产卵5～8粒，怀卵量达600粒，将卵产于休眠芽内。蒙古栎虫瘿在幼虫老熟时开裂枯萎，由绿色变为红褐色，并枯死。

防治历： 6～8月，在幼虫、蛹期利用该虫在虫瘿中的时期人工摘除虫瘿，减少和消灭下代虫源。8～9月，利用成虫活动时期用1.2%烟参碱烟剂熏杀。

图124-1 栎叶瘿蜂成虫

图124-2 栎叶瘿蜂幼虫

图124-3 栎叶瘿蜂虫瘿（叶背面）
（阿里河林业局 王大鹏 摄）

图124-4 栎叶瘿蜂虫瘿（叶正面）

125. 朱砂叶螨 *Tetranychus cinnabarinus* (Boisduval)

分布与危害：国内分布于北京、上海、河北、山西、山东、河南、陕西、甘肃、江苏、浙江、安徽、江西、湖南、湖北、福建、广东、广西、云南、台湾等地；国外分布于俄罗斯、蒙古、日本。内蒙古大兴安岭林区分布在阿尔山林业局。

寄主：月季花、草莓属。危害部位为叶。

主要形态特征：雌螨体椭圆形，锈色或深红色，体背两侧具褐色污斑。第二、第三对背毛间的肤纹突起，为钝三角形或梯形。滞育雌螨体色为橙红色，体上特征消失，爪为条状，爪间突裂成3对针状刚毛。卵珠形，淡黄色或黄色，散产在植物体表面。幼螨淡黄色，若螨体黄绿色，后期变为淡红褐色。

图125-1 朱砂叶螨危害状
（阿尔山林业局 陈玉杰 摄）

生物学特性：一般一年发生6～8代，有滞育习性，以成螨在植物体上、落叶层下、土壤中越冬，主要生活在温室内，在室外-25℃以下时不易存活，可随风飘移传播。

防治历：3～6月，从螨虫开始活动繁殖起，均应取叶面及叶背用敌螨丹、洗衣粉水、烟参碱、阿维菌素等均匀喷雾防治，每隔10～15天防治一次，需要防治2～3次以上，应做到交互用药，否则易产生抗药性。也可利用杀螨素、灭幼脲、阿维菌素等进行防治。在化学防治压低虫口的基础上，积极开展天敌的保护及利用，包括瓢虫、小花蝽、草蛉、植物绥螨及白僵菌等，科学应用，进行有效控制。

图125-2 朱砂叶螨叶子危害状
（阿尔山林业局 陈玉杰 摄）

126. 落叶松针叶小爪螨 *Oligonychus ununguis* (Jacobi)

分布于危害： 分布于北京、黑龙江、吉林、辽宁、内蒙古、河北、宁夏、山东、山西、湖南、安徽、陕西、江苏、浙江等地。春夏季是其危害的关键期，造成针叶枯萎，似遭霜打。

寄主： 落叶松、杜松、云杉、雪松、麻栎、杉木等。

主要形态特征： 雌螨体微小，椭圆形，褐红色，背毛刚毛状，具绒毛，不着生在疣突上。背毛13对，爪退化为条状，各足爪间突呈爪状。卵圆形，初为黄色，后变为紫红色。幼螨近圆形，淡绿色；若螨活泼，体褐色带微红。

生物学特性： 一年发生6～8代，以紫红色卵在植物体的缝隙等处越冬，或在枯枝落叶层中越冬。5月中下旬螨在新发叶上危害，吐丝产卵。6月上旬为危害盛期，可持续到6月中下旬。

防治历： 4月，应掌握当地5～6月气象预报趋势，主要包括温度、湿度、降水量和风的变化情况，以便准确预测螨虫的发生趋势，为制定防治方案奠定基础。5～6月，利用敌螨丹、三氯杀螨醇、乙酯杀螨醇、灭螨醇、苯螨特等均匀喷雾防治，防治2次以上，应做到交互用药，否则易产生抗药性。也可利用杀螨素、灭幼脲、阿维菌素等进行防治。保护及利用其天敌，包括瓢虫、小花蝽、草蛉、植物绥螨及白僵菌等，进行长期有效控制。

图126-1 落叶松针叶小爪螨叶子危害状
（阿尔山林业局 陈玉杰 摄）

图126-2 落叶松针叶小爪螨树冠被害状
（阿尔山林业局 陈玉杰 摄）

图126-3 落叶松针叶小爪螨危害状生态照
（阿尔山林业局 陈玉杰 摄）

第四章 森林鼠害

127. 棕背䶄 *Myodes rufocanus* Sundevall

分布与危害：国内分布于黑龙江、吉林、辽宁、内蒙古、新疆等地；国外分布于朝鲜、日本、俄罗斯、蒙古、欧洲。内蒙古大兴安岭林区均有分布。冬季到早春是其危害期，啃食树皮，造成树干基部环剥，树木死亡。春季时也刨食松树的种子，影响森林更新。

寄主：樟子松、红松、落叶松、油松、赤松、黑松、椴树、榆树、杨树、蒙古栎、桦树、柳树、黄波椤、水曲柳、刺嫩芽、胡枝子等针、阔叶树。

主要形态特征：体长100～130 mm，体粗，耳较大，尾短细，背毛棕褐色，毛基灰白色，杂少量黑色毛，但自颈部到头顶部的棕色区较窄，体侧毛浅淡，呈白色。尾二色，上灰黑下灰褐色。颅骨腹面、腭骨后缘中间无纵嵴，左右无陷窝，第三臼齿内有3个凸角。

生物学特性：典型的林栖种类，在大小兴安岭、长白山区、华北山区和新疆阿尔泰山区主要栖息在针叶林、针阔混交林中，为优势种。在次生阔叶林中也普遍存在。全年数量季节消长为单峰型，8月数量最高。每年5～6月为繁殖盛期，8月以后繁殖减慢。数量年度变化明显，同地块不同年份相同日期调查数量差距可达4倍。昼夜均活动，不冬眠，冬季在雪被下活动。在内蒙古大兴安岭林区年产2～3窝，每窝仔数6～8只。夏季一般以绿色植物为食，冬季以种子为主，春秋季啃食树木，环剥树皮，造成危害。

防治历：3～4月，造林前，使用环保型雌性抗生育药剂莪术醇饵剂或对雌雄两性同时作用的植物性抗生育药剂、植物不育剂、莪术醇不育剂、鼠靶、胆钙化醇等，用药量为2.5～3.0 kg/hm²。投药时间在4月中旬鼠类进入繁殖期前。

4～5月，造林时，用P-1拒避剂浸润苗木茎干部位，施药后直接造林。种子直播造林必须用P-1拒避剂浸种或拌种处理，然后造林。每吨药剂可处理600 hm²造林苗。应用其他林木保护剂喷涂处理林木幼苗、幼树时，必须在休眠期内使用。

4～8月，春季和夏季，使用环型鼠夹和中号铁板夹，诱饵使用白瓜子，每公顷每日布设600～900夹。危害面积小、零散发生的林地可采用捕鼠夹捕打。

9～10月，秋季害鼠密度高、发生集中连片、危害面积大时，可采取溴敌隆毒饵5～10 g/袋，以5 m×10 m等距离投放，用药量为1.5 kg/hm²。

棕背䶄的危害期在冬季和早春。全年均可利用硬质塑料套管或矿泉水瓶自制的套管套在幼树茎干部，防止害鼠啃咬。保护生境内天敌动物。

图127-1 棕背䶄成鼠
（绰尔林业局 郝新东 摄）

图127-2 棕背䶄鼠夹捕获
（乌尔旗汉林业局 刘丽 摄）

图127-3 棕背䶄头骨
（阿里河林业局 李思 摄）

图127-4 棕背䶄危害状（落叶松）
（伊图里河林业局 姜再东 摄）

图127-5 棕背䶄危害状（樟子松）
（根河林业局 王敬梅 摄）

图127-6 棕背䶄鼠洞
（根河林业局 王敬梅 摄）

图127-7 棕背䶄堆石堆防治
（根河林业局 王敬梅 摄）

图127-8 棕背䶄毒饵保护器
（根河林业局 王敬梅 摄）

图127-9 棕背䶄猛禽招引巢箱

（阿里河林业局 李思 摄）

图127-10 棕背䶄猛禽站杆招引架

（根河林业局 王敬梅 摄）

图127-11 棕背䶄网捕陷阱法防鼠

（管理局森防站 张军生 摄）

128. 红背䶄 *Myodes rutilus* (Pallas)

分布与危害： 红背䶄属于啮齿目仓鼠科田鼠亚科䶄属，别名红毛耗子、山鼠、北岸鼠。分布于黑龙江、吉林、内蒙古、新疆等地；蒙古、日本、俄罗斯、北欧也有分布。内蒙古大兴安岭林区林业局主要发生在南部林区的绰源、绰尔林业局、东部林区的克一河林业局和东南部林区的毕拉河林业局。冬季到早春是其危害期，啃食树皮，造成树干基部环剥、树木死亡，春季也刨食松树的种子，影响森林更新。2015年内蒙古大兴安岭林区发生面积为4.82万亩，平均鼠密度为1.9只/100夹•日，苗木被害率达到13%，苗木死亡率达到2.1%。

寄主： 樟子松、红松、落叶松、油松、赤松、黑松、椴树、榆树、杨树、蒙古栎、桦树、柳树、黄波椤、水曲柳、刺龙芽、胡枝子等针、阔叶树。危害部位为根皮、茎皮、杆皮、梢。

主要形态特征： 体长71～123 mm，体较棕背䶄小，体背面锈红色或红棕色，通常略带土黄色，吻、脸至眼和体侧面土黄色。体腹面毛尖白色微带浅黄色，毛基灰色；脚掌无毛，足垫6个。尾毛二色，上面淡赤褐色，分散稀疏黑毛，下面浅淡，几乎呈鲜土黄色。冬季体色较浅。颅骨腹面、腭骨后缘中间无纵嵴，左右无陷窝，颅骨的颧弧细薄，第三白齿内有4个凸角。

生物学特性： 典型的林栖种类，在大小兴安岭、长白山区、华北山区和新疆阿尔泰山区主要栖息在针叶林、针阔混交林中，为优势种。在次生阔叶林中也

图128-1 红背䶄成鼠
（根河林业局 王敬梅 摄）

普遍存在。全年数量季节消长为单峰型，8月数量最高。每年5～6月为繁殖盛期，8月以后繁殖减慢。数量年度变化明显，同地块不同年份相同日期调查数量差距可达4倍。红背䶄的季节性数量波动很大，且呈单峰型。主要栖息地在倒木或树根下的枯枝落叶层中。不冬眠，冬季可以在雪被下活动，在雪下可以找到其活动的通道。昼夜均可活动，但夜间活动更加频繁。红背䶄因为适应大兴安岭林区的气候条件，一般在气温暖和时产仔，以提高幼仔的存活率。每年4月即可开始繁殖，5～7月为其繁殖的高峰期，9月停止繁殖。每年繁殖2～4窝，每窝幼仔数量为4～9只。5月份已经出现幼仔鼠，雌鼠妊娠期18～20天。9～10月份种群数量组成几乎

图128-2 红背䶄危害状（柳树）
（绰尔林业局 孙金海 摄）

全是当年出生的幼鼠。寿命约为1年半。红背鼾的食物非常丰富，在夏季喜吃各种绿色植物，秋季则以种子为主。据寿振黄研究，红背鼾喜吃延胡索的球茎、凤毛菊的嫩枝、五福花、红脉巢菜、山芝麻、乌头等。根据内蒙古大兴安岭林区多年来的鼠害防治工作发现，该鼠在秋季和翌年春季对林业造林成果危害非常严重，特别是对落叶松新植苗、3年生左右的幼林、15年以下的樟子松取食危害特别重。该鼠是内蒙古大兴安岭林区优势鼠种。因该鼠携带可传染给人的各种病菌和病毒，所以工作时应注意安全。

防治历：3～4月，造林前，使用环保型雌性抗生育药剂莪术醇饵剂或对雌雄两性同时作用的植物性抗生育药剂、鼠靶、胆化钙醇等生物杀鼠剂防治，用药量为2.5～3.0 kg/hm²。投药时间在4月中旬鼠类进入繁殖期前。

4～5月，造林时，用P-1拒避剂浸润苗木茎干部位，施药后直接造林。种子直播造林必须用P-1拒避剂浸种或拌种处理，然后造林。每吨药剂可处理600 hm²造林苗。应用其他林木保护剂喷涂处理林木幼苗、幼树时，必须在休眠期内使用。

4～8月，春季和夏季时可使用中号铁板夹和环型鼠夹防治，诱饵使用白瓜子，每公顷每日布设600～900夹。危害面积小，零散发生的林地可采用捕鼠夹捕打。

9～10月，秋季害鼠密度高、发生集中连片、危害面积大时，可采取鼠靶、胆钙化醇、溴敌隆毒饵5～10 g/袋，以5 m×10 m等距离投放，用药量为1.5 kg/hm²。

红背鼾危害期在冬季和早春，全年均可利用硬质塑料套管或矿泉水瓶自制的套管套在幼树茎干部，防止害鼠啃咬。保护生境内天敌动物。

129. 莫氏田鼠*Microtus maximowiczii* Schrenck

分布与危害： 莫氏田鼠属于啮齿目仓鼠科田鼠亚科田鼠属。分布广泛，内蒙古大兴安岭林区均有分布，主要发生在南部林区的绰源，中部林区的乌尔旗汉、库都尔，东部林区的吉文，北部林区的得耳布尔。2015年发生面积为7.55万亩，其中重度发生0.77万亩，中度发生1.08万亩，轻度发生5.70万亩，成灾面积0.57万亩。平均鼠密度2.3只/100夹·日，苗木被害率达到16%，苗木死亡率达到3.1%。

寄主： 落叶松、樟子松、云杉、沙棘等。危害部位为根皮、茎皮、杆皮、梢。

主要形态特征： 体长100～150 mm，在田鼠中为体大者，掌及蹠基部生有毛，足垫6个，尾长约占体长的40%，生有密毛。头顶及背部黑褐色，体两侧略浅，但褐色浓，腹毛呈乳白色，与体侧的深色分界明显。毛基部深灰色，毛尖白色。前后足的背面颜色同体背色相同，而腹面较黑。尾二色，上面黑色，下面灰白色，但夏毛的尾色上下面差异不太明显。

生物学特性： 莫氏田鼠主要栖息于湿生草原和沼泽草原中。在林区主要分布于沼泽地中，对造林幼树和幼苗造成伤害。莫氏田鼠的种群繁殖是从6月份开始的，7月份为繁殖高峰期，怀孕率约为52%，8月份怀孕率约为12%，至9月份则无怀孕雌鼠。由此可见，6～8月为其繁殖季节，一般每年2窝，每窝产4～12仔，平均为7～8只。莫氏田鼠的巢区面积平均为452 m²，越冬雄性鼠的巢区面积最大可达1874.46±539.31 m²。这种以雄鼠占的巢区最大的现象在其他鼠类如黑线姬鼠、根田鼠、布氏田鼠等也存在。但是当年鼠、越冬雌鼠与越冬雄鼠的差异不显著。根据林区试验结果显示，以4次捕捉法调查计算莫氏田鼠的巢区面积为最佳，节省人力和物力。其巢分为巢室及仓库1～3个。每年的6月初，莫氏田鼠便到草甸下挖洞营巢，繁殖后代，到7月份鼠的数量便逐渐增多，至8月份数量达到最多，9月份天气变冷后，它们便陆续迁往坡地越冬。第二年春天夏季苔草发芽时，又返回到湿地栖居。在夏秋两季以苔草和大叶草为食。贮存的主要食物有地榆、沙参、葱、细叶百合、百合、须龙胆等。该鼠主要在夜间活动，在湿地上有固定的活动路线，行动迟缓，但可以涉河至对岸活动。

防治历： 4～5月，造林时，用P-1拒避剂浸润苗木茎干部位，施药后直接造林。种子直播造林必须用P-1拒避剂浸种或拌种处理，然后造林。每吨药剂可处理600 hm²造林苗。应用其他林木保护剂喷涂处理林木幼苗、幼树时，必须在休眠期内使用。也可利用不育剂进行投饵防治。

4～8月，春季和夏季可使用环型鼠夹和中号铁板夹防治，诱饵使用白瓜子，每公顷每日布设600～900夹。危害面积小、零散发生的林地可采用捕鼠夹捕打。在鼠害防治区域内竖立招引猛禽的站杆，或悬挂大型鸟巢箱，招引天敌防治；或在林地间堆放石堆以利于天敌隐蔽；或在较为平坦的造林地内用网捕陷阱法捕杀害鼠。

9～10月，在害鼠密度高、发生集中连片、危害面积大时使用毒饵保护器法，可采取溴敌隆毒饵5～10 g/袋，置于保护器中，以5 m×10 m等距离投放，用药量为1.5 kg/hm²。这样，有利于保护野生动物和家畜。

4～10月，采用套茎保护法，利用硬质塑料套管或矿泉水瓶自制的套管套在幼树茎干部，防止害鼠啃咬。保护生境内天敌动物。

图129-1 莫氏田鼠成鼠
（乌尔旗汉林业局 高圣洪 摄）

图129-2 莫氏田鼠鼠夹捕获
（伊图里河林业局 姜再东 摄）

图129-3 莫氏田鼠铁板夹捕获
（根河林业局 王敬梅 摄）

图129-4 莫氏田鼠环型夹捕获
（绰源林业局 刘跃武 摄）

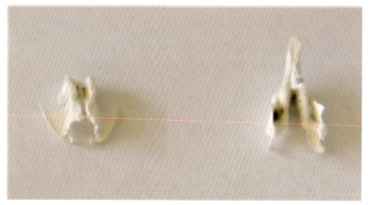

图129-5 莫氏田鼠头骨
（阿里河林业局 李思 摄）

图129-6 莫氏田鼠危害状（落叶松）
（绰源林业局 刘跃武 摄）

130. 黑线姬鼠 *Apodemus agrarius* (Pallas)

分布及危害：黑线姬鼠属于啮齿目鼠科姬鼠属，别名田姬鼠、黑线鼠、长尾黑线鼠等。国内分布于除青海、西藏、海南和新疆外的地区；国外分布于欧洲、俄罗斯、朝鲜。内蒙古大兴安岭林区辖区均有分布。

寄主：水稻、小麦、玉米、桦树、樟子松、落叶松等。

主要形态特征：黑线姬鼠体形小，体长65~120 mm，尾细长，约为体长的2/3。耳朵短，一般向前拉不到眼部。雌鼠共有4对乳头，其中胸部两对，腹部两对。体背毛为棕褐色或棕灰色，背部中央有一条明显的黑色纵纹。腹毛灰白色，尾毛深灰色，鳞片裸露，尾环清晰。头骨轮廓略细长，吻部稍尖细，额骨和顶骨形成一上二个尖锐的角度向后突进顶骨。顶骨斜度较大，从顶间骨看时可见上枕骨大部分。眶上嵴明显，门齿孔几乎达到上齿列前端。牙齿第1臼齿齿突内侧比外侧发达，第2臼齿仅存内侧一个独立的齿突，第3臼齿齿冠特别小，呈二对叶，在前方具一个独立的齿突。

生物学特性：黑线姬鼠生境十分广泛，既可以在各种林地、平原、丘陵、荒滩、草甸、沼泽中生存，又可以在农田、杂草丛中生活，但较为喜欢向阳潮湿的、靠近水源的地方栖居。其洞穴构造简单，一般只有2~3个洞口，洞道浅，分2~4个叉道。以夜间活动为主，黄昏或清晨活动最为活跃，没有冬眠的习性。每年可繁殖3~5窝，每胎仔数为5~7只。在林区8月份为其繁殖高峰期。幼鼠3个月就发育成熟。自然寿命为1~2年。该鼠的食性较为复杂，但以植物为主，尤其喜欢取食农作物，在春秋季节来临时也可取食林木及其种子等，所以危害人工林。

图130-1 黑线姬鼠成鼠
（绰源林业局 王彦 摄）

防治历：3~4月，造林前，使用环保型雌性抗生育药剂羧术醇饵剂或对雌雄两性同时作用的植物性抗生育药剂防治，用药量为2.5~3.0 kg/hm²。投药时间在4月中旬鼠类进入繁殖期前。

4~5月，造林时，用P-1拒避剂浸润苗木茎干部位，施药后直接造林。种子直播造林必须用P-1拒避剂浸种或拌种处理，然后造林。每吨药剂可处理600 hm²造林苗。应用其他林木保护剂喷涂处理林木幼苗、幼树时，必须在休眠期内使用。

4~8月，春季和夏季时可使用中号铁板夹、环型鼠夹防治，诱饵使用白瓜子，每公顷每日布设600~900夹。危害面积小、零散发生的林地可采用捕鼠夹捕打。

131. 朝鲜姬鼠 *Apodemus peninsulae*

分布与危害：朝鲜姬鼠属于啮齿目鼠科姬鼠属，别名山耗子、大林姬鼠。分布在我国东北地区及内蒙古、河北、山东、山西、天津、陕西、甘肃、青海、四川、湖北、安徽、宁夏、河南等地。内蒙古大兴安岭林区均有分布。2015年发生面积1.2万亩。

寄主：樟子松、落叶松、灌木、草籽、农作物等。

主要形态特征：体形细长，长70～120 mm，与黑线姬鼠相仿，尾长几与体等长，尾毛稀疏，尾鳞裸露，尾环清晰。耳较大，向前拉可达到眼部。前后足各有6个足垫。雌鼠在胸腹各有2对乳头。毛色随季节而变化，夏毛背部一般较暗，呈黑赭色，无特别条纹，毛基深灰色，毛小黄棕或带黑色，并杂有较多全黑色的毛。冬毛灰黄色明显，腹部及四肢内侧毛比背毛色淡。尾上面褐棕色，下面白色。足背和下颌均为白色。整个头骨较宽大，吻部稍圆钝。颅全长22～30 mm。有眶上嵴，枕骨比较陡直，从顶面看时只见上枕骨的一小部分。这与黑线姬鼠相反。牙齿第1臼齿的长度等于第2、第3臼齿的和，第1、第2臼齿的咀嚼面具3条纵列丘状齿突，或被珐琅质分割为横列的板条状，第3臼齿呈现3叶状。

生物学特性：朝鲜姬鼠主要栖息于针阔混交林、阔叶疏林、杨桦林及农田中，一般做巢于地面枯枝落叶层下。冬季可以活动于雪被下。主要以夜晚活动为主。4月份即开始繁殖，6月份为盛期。每胎产仔4～9只，一般每年可繁殖2～3代。种群数量的波动非常明显，一般4～6月为数量上升期，

图131-1朝鲜姬鼠成鼠
（吉文林业局 刘永春 摄）

7～9月为数量高峰持续期，10月又开始下降。在荒山荒地、水湿地、采伐迹地等都有其分布和存在。朝鲜姬鼠一般与其他害鼠如棕背鼾、莫氏田鼠等混杂在一起对苗木或幼树造成危害。

防治历： 3～4月，造林前，使用植物不育剂、鼠靶、胆化钙醇等环保型生物农药进行防治，用药量为2.5～3.0 kg/hm²。投药时间在4月中旬鼠类进入繁殖期前。

4～5月，造林时，用P-1拒避剂浸润苗木茎干部位，施药后可直接造林。种子直播造林须用P-1拒避剂浸种或拌种处理，然后造林。1吨药剂处理600 hm²造林苗。应用其他林木保护剂喷涂处理林木幼苗、幼树时，必须在休眠期内使用。

4～8月，春季和夏季，使用中号铁板夹、环型鼠夹，诱饵使用白瓜子，每公顷每日布设600～900夹。危害面积小，零散发生的林地可采用捕鼠夹捕打。当朝鲜姬鼠发生严重危害时可以使用溴敌隆置于筒形保护器内对其进行灭杀。

132. 花鼠*Tamias sibiricus*

分布与危害：花鼠又叫五道眉、花黎棒。国内分布于黑龙江、吉林、辽宁、内蒙古、新疆、河北、山西、陕西、甘肃、青海、四川、河南等地；国外分布于俄罗斯西伯利亚至乌苏里和萨哈林岛及朝鲜和日本北部。内蒙古大兴安岭林区辖区均有分布。

寄主：种子、坚果及浆果。

主要形态特征：花鼠个体较大，长约15 cm，尾长约10 cm，体重100 g以上。因背上有5条黑色纵纹，俗称五道眉花鼠。头部至背部毛呈黑黄褐色，正中一条为黑色，自头顶部向后延伸至尾基部，外两条为黑褐色，最外两条为白色，均起于肩部，终于臀部。尾毛上部为黑褐色，下部为橙黄色，耳壳为黑褐色，边为白色。背毛黄褐色，臀部毛橘黄或土黄色。花鼠有颊囊，耳壳显著，无簇毛。尾毛蓬松，尾端毛较长。前足掌裸，具掌垫2，指垫3；后足掌被毛，无掌垫，具指垫4。雌鼠乳头4对。花鼠头骨轮廓为椭圆形，头颅狭长，脑颅不突出。下颌骨粗壮，颧弓中颧骨向内侧倾斜未呈水平状。上颌骨的颧突呈横平。吻部较短。鼻骨前伸超过上门齿。眶间及后头部平坦，眶上突尖而细弱。腭孔细小，紧位于上门齿之后。听泡发达。花鼠的上门齿短粗且呈凿状，第1上前臼齿细小，紧贴第2上前臼齿前内侧，臼齿3枚，下颌门齿细长，下前臼齿1枚，臼齿3枚，依次渐大。

生物学特性：栖息于山地针叶林、针阔混交林中。花鼠主要以白天在地面活动多，晨昏之际最活跃，在树上活动少，善爬树，行动敏捷，陡坡、峭壁、树干都能攀爬，不时发出刺耳叫声。半冬眠性，早春、晚秋也有少量活动。全年以7月中旬数量最多，这与幼鼠出窝参与活动有关。每年繁殖1～2次，每胎生仔4～5只。生长3个月可性成熟，怀孕、哺乳期均为1个月。

防治历：3～4月，造林前，使用环保型雌性抗生育药剂莪术醇饵剂或对雌雄两性同时作用的植物性抗生育药剂防治，用药量为2.5～3.0 kg/hm²。投药时间在4月中旬鼠类进入繁殖期前。

4～8月，在母树林，使用中号铁板夹、环型鼠夹防治，诱饵使用白瓜子，每公顷每日布设600～900夹。危害面积小、零散发生的林地可采用捕鼠夹捕打。

图132-1 花鼠成鼠
（得耳布尔林业局 韩永民 摄）

图132-2 花鼠成鼠
（吉文林业局 姜学家 摄）

133. 东北鼢鼠 *Myospalax psilurus* (Milne-Edwards)

分布与危害： 东北鼢鼠属于啮齿目鼹形鼠科鼢鼠亚科平颅鼢鼠属，别称地羊、瞎老鼠、盲鼠、瞎摸鼠子。国内分布在东北、华北地区；国外分布在蒙古、俄罗斯远东和贝加尔湖东南部。内蒙古大兴安岭林区辖区均有分布，主要发生在南部林区的绰源。2016年轻度发生面积为2000亩，平均鼠密度为0.12只/亩，苗木被害率达到8%，苗木死亡率达到3.5%。

寄主： 落叶松、樟子松等。东北鼢鼠食性杂，食物主要为植物的地下部分，亦食植物的茎叶和地下害虫，尤其喜食块根、块茎及植物的种子。对树木的危害部位为根皮。

主要形态特征： 体型圆粗，颈、胸、腰无明显区别。头吻宽扁，利于掘推土壤。耳小隐于被毛之下，眼小正常，尾细短，前脚掌宽大，前指爪长明显大于指长。爪呈镰刀状，适于打洞和在洞穴内行走。乳头4对，胸、腹部各两对。该鼠背毛黄褐色，毛尖铁锈红色，毛基深灰色；体侧毛色渐淡，腹部淡灰色；吻鼻部与面部色浅，额顶常有一块大小形状不定的白斑，但有时不明显。东北鼢鼠头骨扁平，前窄后宽。骨质坚硬，骨块间相接紧密。鼻骨宽平，前端1/3显著扩大，后面2/3部分平行。额骨前伸入两鼻骨之间。颧弓发达、扩张。人字嵴发达，头骨后端沿此嵴向下呈截切，向内缩，头骨最后端为人字嵴处。上枕骨发达。腭骨长，其中部有一明显的纵棱。听泡扁平，下颌骨粗大。 东北鼢鼠上门齿强大，第1上臼齿大，内外侧各2个内陷角，交错排列，第2、第3上臼齿较小，内侧仅有一个内陷角，外侧有2个内陷角；下颌第1臼齿内侧有3个内陷角，但有时第1个不明显，外侧有2个内陷角；第3下臼齿外侧仅有1个内陷角，内侧有2个内陷角，但第2个内陷角极浅。

生物学特性： 东北鼢鼠常年栖居于地下，听觉特别灵敏，食性杂，不冬眠。栖息于土质松软的河谷平原开阔地区，多选择农田、田间荒林、河滩、林间窄地等处作为栖息位点。每年繁殖1～2次，每次产仔2～4只，最多可产8只。该鼠不冬眠，冬季深居于洞内，除取食外不甚活动，有时也到地面上觅食、寻偶。季节活动明显，春季土地尚未全部解冻前即开始活动，5～6月繁殖，活动频繁，9～10月主要是采食和储粮。一天之内又以早、晚活动最盛。小雨及阴天全天都能活动。该鼠有怕光、怕风的习性，见风就堵洞。一般除了繁殖季节外均独居。地下洞道长达数十米，面积可达100多m^2，大致可分为通道洞、储粮洞、粪便洞、居住洞、朝天洞。该鼠打洞时，每隔一段即将洞内挖出的余土堆成许多小土丘。根据新土堆的去向，可辨认其洞道的去向。洞道构造复杂，无显著洞口，内部分支极多。洞道直径5～6 cm，居住洞与储粮洞距地面约100 cm。觅食道深仅15 cm。居住洞长约50 cm，宽20 cm，高15.5 cm。居住洞用草筑成，附近有粪便洞。不同地点、不同性别、不同季节洞道构造不同，雌雄分居，雌性洞道较雄性复杂，秋、冬季洞道较春、夏季洞道复杂，农田洞道与草原等区域的洞道不同。

防治历： 5～8月，利用鼢鼠有堵洞的习性，人工挖洞捕捉。也可利用地箭法进行捕杀。或将磷化铝放入洞内并将洞口用泥土堵死进行熏杀，还可在苗圃地周边挖1.5m的隔离沟进行预防。

图133-1 东北鼢鼠成鼠
（阿里河林业局 任仲波 摄）

图133-2 东北鼢鼠成鼠（腹面）
（得耳布尔林业局 徐向峰 摄）

图133-4 东北鼢鼠贮藏的食物
（吉文林业局 陈亚军 摄）

图133-3 东北鼢鼠土丘
（吉文林业局 陈亚军 摄）

图133-5 东北鼢鼠地箭防治法
（吉文林业局 陈亚军 摄）

134. 达乌尔鼠兔 *Ochotona daurica* (Palls)

分布与危害： 达乌尔鼠兔属于兔形目动物鼠兔科鼠兔属，又叫草原鼠兔。国内分布于辽宁、内蒙古、河北、山西、陕西、四川、甘肃、青海、西藏等地；国外分布于蒙古、俄罗斯、伊朗、印度。内蒙古大兴安岭林区辖区均有分布。主要危害草场、幼树和固沙植物。该兔主要取食植物绿色部分及茎和根，春季主要取食各种植物幼苗造成危害。此外还挖掘洞穴破坏大片牧草，引起草原沙化。

寄主： 主要为油松、落叶松、樟子松、云杉、侧柏、柠条、沙棘、山杏、榆树、杨树等。

主要形态特征： 体长17～20 cm，耳壳圆形，耳高1.5～2.5 cm，尾极小，隐于毛内，体重110～150 g。体毛颜色季节变化大，冬季体背从鼻到尾基部浅沙黄色；耳背面黑褐色，其前缘有1白色毛束，耳缘带白色；足背面白色带淡黄色；体腹面及四肢白色；喉部有1土黄色毛区，像领圈，并向后延伸至胸部中间；前后足底具硬的短毛，后足稍带黄褐色。夏季体背黄褐色，耳后有1淡黄色毛区，耳内侧土黄色，边为黑褐色，周缘白色，体腹面也为白色，喉部也具有1土黄色领圈和中间1长的淡黄色纵纹。额骨中间明显隆起。

生物学特性： 典型的草原动物，栖息于沙质、半沙质山坡、针毛草原的浅盆地、草丛、石砾质坡地等处。栖息地区植物较矮，有少量的灌木丛，在阳坡草甸草原中，以莎草科植物为主的草原上为多。营群栖穴居生活，洞群多建于锦鸡儿和芨芨草丛下。洞穴有夏穴和冬穴两种，夏穴结构简单，多数只有1个洞口，无仓库；冬穴构造复杂，有3～6个洞口，圆形或椭圆形，直径5～9 cm，洞道中有1～2个窝，2～3个仓库。洞口附近常有许多圆形粪便，鲜粪草黄色，陈粪褐灰色。有冬季储草习性，昼夜活动，冬季不冬眠，在雪被下活动，晴天无风时亦在雪面上活动。繁殖期为4～10月，6月为繁殖高峰期。一年繁殖2次，每次产仔5～6只。天敌动物主要是艾虎、银鼠、香鼠、黄鼬、猛禽和蛇类等。

防治历： 3～4，繁殖期前用抗生育药剂防治，使用环保型雌性抗生育药剂0.2%莪术醇饵剂或使用对雄性抗生育的贝奥不育灭鼠剂。4月前按棋盘式投药，用药量为2.5～3.0 kg/hm²。造

图134-1 达乌尔鼠兔成年鼠兔
（毕拉河林业局 曹同国 摄）

255

林时用P-1拒避剂浸润苗木茎干部位。幼林地林木萌动前，使用P-1拒避剂与水按1∶2的比例稀释后对幼树喷雾。3～4月或9～10月，用大隆毒饵防治，按0.01%～0.02%原药浓度配制，用药量为1.5 kg/hm²。或用0.01%的溴敌隆毒饵防治，每洞投2 g。该法春季防治效果较好。

5～10月，活动期使用器械防治，在林地用大号铁板鼠夹布防，按10 m×10 m距离布放，每公顷放1000夹，视鼠兔密度决定布放夹日，每月每日放置600～900夹，以百夹日捕获率在3%以下为止，应连续卜夹捕捉。

保护和招引蛇类、猞猁、狸、豹猫、鼬科动物和犬科动物等天敌。设置招鹰架或招鹰塔，招引猛禽栖息停留，每5hm²放置1个。根据情况立杆高4～8.0 m，横杆长1 m。地形平坦、视野开阔时立杆高4.5～6.0 m，丘陵、坡地立杆高不低于8 m。

图134-2 达乌尔鼠兔侧面观　　　　　　　　图134-3 达乌尔鼠兔后面观
（毕拉河林业局 曹同国 摄）　　　　　　　（毕拉河林业局 曹同国 摄）

135. 高山鼠兔大兴安岭亚种*Ochotona alpina mantchurica* Hodgson

分布与危害：高山鼠兔大兴安岭亚种又名鸣声鼠、石兔。分布于黑龙江、吉林、辽宁、内蒙古等地。内蒙古大兴安岭林区辖区均有分布。

寄主：主要为落叶松、樟子松、桦、柳、沙棘、山杏、榆树、杨树等。

主要形态特征：外形略似鼠类，耳短而圆，尾仅留残迹，隐于毛被内。因牙齿结构（如具两对上门齿）、摄食方式和行为等与兔子相像，故名鼠兔。鼠兔体型小，体长10.5～28.5 cm，耳长1.6～3.8 cm；后肢比前肢略长或接近等长；全身毛被浓密柔软，底绒丰厚，这与它们生活在高纬度或高海拔地区有关；毛被呈沙黄、灰褐、茶褐、浅红、红棕和棕褐色，夏季毛色比冬毛鲜艳或深暗。

生物学特性：栖息于山地针叶林、岩砾地区以及亚高山草甸、草原、山地林缘和裸崖。在亚洲，栖息地海拔在1 200～5 100 m；在北美洲，栖息地海拔在90～4 000米。它们挖洞或利用天然石隙群栖。高山鼠兔在白天活动，常发出尖叫声，以短距离跳跃的方式跑动。不冬眠，多数有储备食物的习惯。繁殖期为每年的4～9月（或延至10月），每年产仔1～3窝，每窝2～11仔。天敌动物主要是艾虎、银鼠、香鼠、黄鼬、猛禽和蛇类等。

防治历：3～4月，繁殖前用抗生育药剂防治，使用环保型雌性抗生育药剂0.2%莪术醇饵剂或使用对雄性抗生育的贝奥不育灭鼠剂。4月前按棋盘式投药，用药量为2.5～3.0 kg/hm²。造林时用P-1拒避剂浸润苗木茎干部位。幼林地林木萌动前，使用P-1拒避剂与水按1：2比例稀释后对幼树喷雾。

9～10月，秋季发生时可用0.01%的溴敌隆毒饵防治，按0.01%～0.02%原药

图135-1 高山鼠兔成年鼠兔
（根河林业局 王敬梅 摄）

图135-2 高山鼠兔窝、取食植物及粪便
（管理局森防站 张军生 摄）

浓度配制，用药量为1.5 kg/hm²。寻找洞口投药效果较好。

5～10月，鼠兔活动期用器械防治最好，在林地用大号铁板鼠夹布防，按10 m×10 m距离布放，每公顷放1 000夹，视鼠兔密度决定布放夹日，每月每日放置600～900夹，以百夹日捕获率在3%以下为止。应连续捕捉。

全年都要保护和招引蛇类、猞猁、狸、豹猫、鼬科动物和犬科动物等天敌。设置招鹰架或招鹰塔，招引猛 禽栖息停留。

图135-3 高山鼠兔危害状（樟子松）

（根河林业局 王敬梅 摄）

136. 草兔*Lepus capensis* Linnaeus

分布与危害：草兔别名蒙古兔。分布于黑龙江、吉林、辽宁、内蒙古、甘肃、宁夏、陕西、山西、河北、河南、北京、湖北、四川等地。危害各种幼树的树皮、树叶、嫩梢和枝干，咬断的嫩枝伤口斜面极为完整，以啃食树皮和咬断幼树枝干受害最重。

寄主：主要为刺槐、侧柏、油松、山桃、山杏、仁用杏、枣、梨等。

主要形态特征：体长约450 mm，尾长约90 mm，体重一般在2 kg以上。耳甚长，有窄的黑尖，向前折超过鼻端。尾连端毛略等于后足长。全身背部为沙黄色，杂有黑色。头部颜色较深，鼻部两侧面颊部各有一圆形浅色毛圈，眼周围有白色窄环。耳内侧有稀疏的白毛。腹毛纯白色。臀部沙灰色。颈下及四肢外侧均为浅棕黄色。尾背面中间为黑褐色，两边白色，尾腹面为纯白色。冬季毛发长而蓬松，有细长的白色针毛，伸出毛被外方；夏季毛色略深，为淡棕色。

生物学特性：无固定的巢穴，白天多在较隐蔽的地方挖临时藏身的卧穴。这种窝仅是深入地面10 cm的凹陷，常因人畜惊扰而迁移。产仔时一般选择灌丛下或草间隐蔽较好的地方垫草筑巢。植食性，取食种类广泛，包括青草、树苗、嫩枝、树皮以及农作物、蔬菜、种子等。繁殖季节长，冬末交配，早春即开始产仔。年产仔2～3窝，在长江流域可达4～6窝，每窝产2～6仔。白天在卧穴中休息，人畜惊扰时逃跑，夜间活动，有一定的路线（俗称兔子道），通常是每天固定行走的活动路线。天敌动物多，主要为鹰隼类猛禽、狼、狐狸和猫科动物等。

防治历：4～5月，造林时用P-1拒避剂药液浸润苗木茎干，预防草兔危害。草兔和鼢鼠混合发生区，用P-1拒避剂可预防两类害兽危害。

5月，春季和冬季用自行车制作钢（铁）丝索套，单个索套和多个索套，布设在草兔经常行走的固定路线（兔子道）上捕捉。寻找草兔行走路线主要依靠经验，它们常以沟壑和侵蚀沟为道路，冬季落雪后寻找踪迹更准确、高效。

5月或9月，春季和秋季使用灵缇犬（格力犬）捕捉，以4只1组进行围捕，由坡上向下追捕野兔，成功率高。一般秋季集中狩猎效果更好。

图136-1 草兔成年兔

10月，越冬前，对1～2年生新植侧柏和刺槐苗等进行高培土。树干基部捆绑木条、塑料布、金属网或用带刺植物覆盖树体保护，方法简单有效。

　　全年都可在小流域内拉电网，环形封闭布设在兔子道上，根据草兔活动高峰在傍晚至清晨这段时间，傍晚开始供电，清晨断电。使用汽车12 V电瓶，加装1个升压装置，升压至5 000 V瞬间电压，电网可铺设5 000 m，但要限时、限地、限量地猎杀，并由专业技术人员操作。注意巡视和安全。也可使用弓形踏板夹布设在兔子道上，待草兔取食诱饵时踏翻铁夹捕杀。诱饵可用胡萝卜、水果、新鲜绿色植物等。另外，还应保护和人工繁殖利用其天敌，包括金雕、草原雕、狼、狐狸、黄鼬、蛇等。

参考文献
CANKAO WENXIAN

[1]马爱国.中国林业有害生物概况[M].北京：中国林业出版社，2008.

[2]徐梅卿，何平勋.中国木本植物病源总汇[M].哈尔滨：东北林业大学出版社，2008.

[3]曾大鹏.中国进境森林植物检疫对象及危险性病虫[M].北京：中国林业出版社，1998.

[4]张兴耀，骆有庆.中国森林重大生物灾害[M].北京：中国林业出版社，2003.

[5]田呈明.中国松干锈病研究概况[J].西北林学院学报，1998,13（3）：92-97.

[6]中国林业科学研究院.中国森林病害[M].北京：中国林业出版社，1984.

[7]姜石达，姜丰秋.落叶松枯梢病的形态特征及防治[J].林业勘察设计，2009（1）.

[8]高瑞歧，赵惠萍.杨树烂皮病发生原因与防治对策[J].河北林业科技，2006（4）：21.

[9]黄卓.杨树烂皮病的防治技术[J].林业勘查设计，2006（4）：58-59.

[10]陈建珍，曹支敏，樊军锋.杨树叶锈病寄主抗性调查[J].西北林学院学报，2005,20（1）：153-155.

[11]李斌.几种杨树病害发生规律与防治方法[J].人力资源管理：学术版，2006（3）：44-45.

[12]郝玉山,郭秀华,滕文霞，等.内蒙古大兴安岭地区落叶松毛虫综合治理的探讨[J].内蒙古林业科技，1997（6）：88-91.

[13]薛煜，刘雪峰.中国林木种苗病害及防治[M].哈尔滨：东北林业大学出版社，1998.

[14]马德兰，孙道敦.杨叶霉斑病研究初报[J].山西林业科技，1980（1）：23-24.

[15]袁嗣令，等.中国乔、灌木病害[M].北京：科学出版社，1997.

[16]庄凯勋，陈新，张雪梅.大兴安岭地区小黑杨破腹病初步调查[J].中国森林病虫，1990（2）：25.

[17]蔡三山，陈京元.杨树花叶病毒研究进展[J].湖北林业科技，2007（2）：36-38.

[18]向玉英，奚中兴，张恒利.杨树花叶病毒的危害及病毒特性的研究[J].林业科学，1984（4）：441-446.

[19]萧刚柔,黄孝运，周淑芷，等.中国经济叶蜂志（I）[M].杨陵:天则出版社，1991.

[20]金美兰.伊藤厚丝叶蜂生物学特性及其防治技术[J].吉林林业科技，2004,33（1）：39-40.

[21]刘家志，高玉梅，牟宗海，等.落叶松叶蜂生物学特性及天敌[J].东北林业大学学报，1996（4）：31-36.

[22]周淑芷，黄孝运，张真，等.落叶松叶蜂生物学特性及防治途径研究[J].林业科学研究，1995,8（2）：145-151.

[23]萧刚柔.中国森林昆虫[M].北京:中国林业出版社.1994.

[24]北京林学院.森林昆虫学[M].北京：中国农业出版社，1980.

[25]徐公天，杨志华.中国园林害虫[M].北京:中国林业出版社，2007.

[26]李莉，孙旭，孟焕文.分月扇舟蛾生物学特性及防治[J].内蒙古农业大学学报（自然科学版），2000,21（3）：18-21.

[27]李书吉，张玉晓，张丽.杨毒蛾生物学特性及防治[J].河南林业科技，2007,27（2）：25.

[28]李翠芳，张玉峰，周志芳.杨枯叶蛾生物学特性及防治[J].河北果树，1994（3）：21-22.

[29]王霞，田立荣，王连伊.白杨叶甲生物学特性及防治[J].内蒙古林业科技，2004（4）：16-17.

[30]王小军，杨忠岐，王小艺.北京地区杨潜叶跳象生物学特性及药物防治效果[J].昆虫知识，2006,43（6）：858-863.

[31]刘岩，张立志，周素娟.黄褐天幕毛虫生物学特性与防治[J].辽宁林业科技，2004（5）：7-9.

[32]郑淑杰，王瑞玲.大兴安岭地区黄褐天幕毛虫发生规律原因及防治[J].内蒙古林业调查设计，2004,27（3）：41-44.

[33]彭浩.利用无公害药剂防治柳毒蛾试验研究[J].林业建设，2008（2）：53-54.

[34]柳培华，朱卫华，刘万军.柳毒蛾发生期预测预报的初步研究[J].陕西林业科技，2006（3）：50-53.

[35]赵绪慧.柳瘿蚊生物学特性及防治试验[J].山东林业科技，1990（4）.

[36]安瑞军，李秀辉，张冬梅.榆紫叶甲生物学特性的研究[J].林业科技，2005,30（5）：18-20.

[37]付丽，徐连峰，刘景江，等.齐齐哈尔市园林景区榆蓝叶甲的发生特点与防治技术[J].防护林科技，2008（2）：91-92.

[38]孙耀武，黄春红，刘玲.灰斑古毒蛾生物学特性及防治试验研究[J].现代农业科技，2008（4）：73.

[39]陈碧莲，孙兴全，李慧萍，等.上海地区绿尾大蚕蛾生物学特性及其防治[J].上海交通大学学报（农业科学版），2006,24（4）：389-393.

[40]马琪，祁德富，刘永忠.蓝目天蛾生物学特性[J].青海大学学报（自然科学版），2006,24（2）：69-72.

[41]孙玉玲，张雪萍.苹果巢蛾生物学特性研究[J].呼伦贝尔学院学报，2001,9（4）：98-99.

[42]姜双林.山楂绢粉蝶的生物学及防治[J].应用昆虫学报，2001,38（3）：198-199.

[43]中国科学院动物研究所.中国蛾类图鉴[M].北京:科学出版社，1981.

[44]李箐.微红梢斑螟生物学特性及防治研究[J].林业科技通讯，2003（9）：29-30.

[45]刘鹏，高辉，王振斌.松梢螟危害特点及防治技术[J].防护林科技，2002（3）：74.

[46]李文杰，邬承先.杨树天牛综合管理[M].北京：中国林业出版社，1993.

[47]田立明，杨桂凤，贾春丽.青杨天牛发生现状与综合治理技术[J].防护林科技，2007（5）：129-130.

[48]王春喜，包宝成，包晓英，等.白杨透翅蛾的生活史及防治措施的研究[J].内蒙古林业调查

设计，2005，28（b12）：121.

[49]杨丽华，郭金龙，卢建财，等.辽西北地区杨干象的发生规律与防治对策[J].河北林业科技，2008（6）：38.

[50]艾云艳.杨干象的生物学特性及防治方法[J].内蒙古科技与经济，2007（1）：107.

[51]宗世祥，骆有庆，路常宽，等.沙棘木蠹蛾生物学特性的初步研究[J].林业科学，2006，42（1）：79-84.

[52]张军生,刘荣,平桂英,等.中带齿舟蛾的生物学特性[J].东北林业大学学报,2002，30（5）：67-69.

[53]张军生，戚永强，张金华.内蒙古大兴安岭林区白桦的三种叶部害虫[J].东北林业大学学报,2001,29（6）：80-82.

[54]卢丽华，王树良，胡振生.梨卷叶象甲的生物学特性及防治技术[J].林业科技，2001,26（4）：26.

[55]赵文杰，毛浩龙，袁士云，等.落叶松球蚜生物学特性及防治试验研究[J].甘肃林业科技，1994（2）：32-34.

[56]胡景平.大青叶蝉对幼龄果树的危害规律及防治方法[J].现代农业科技，2007（17）：100.

[57]王凤英，李绪选，张闯令.大青叶蝉习性观察及防治措施[J].辽宁农业科学，2007（3）：112.

[58]迟德富，严善春.城市绿地植物虫害及其防治[M].北京:中国林业出版社，2001.

[59]杨维宇，辽宁抚顺地区林业有害生物综合防治技术[M].沈阳:辽宁科学技术出版社，2003.

[60]杨春文，金建丽.棕背䶄研究[M].北京:科学出版社，2003.

[61]陈荣海，舒恩俊，杨春文，等.鼠类生态学及鼠害防治[M].长春:东北师范大学出版社，1991.

[62]王祖海，张知彬.鼠害治理的理论与实践[M].北京：科学出版社，1996.

[63]杨春文，陈荣海，张春美，等.大林姬鼠、棕背䶄对环境湿度选择的研究[J].牡丹江师范学院学报（自然科学版），1992（2）：19-20.

[64]张三亮.达乌尔鼠兔综合防治技术[J].林业科技通讯，2005（6）：31-32.

[65]钟文勤、周庆强、孙崇璐.内蒙古草场鼠害的基本特征及其生态对策[J].兽类学报，1985，5（4）：241-249.

[66]杨静莉，张春美，李继光，等.兔害防治措施及评价[J].中国森林病虫，2004，23（3）：30-32.

[67]国家林业局森林病虫害防治总站.林业有害生物防治历[M].北京：中国林业出版社，2010.